本书将莱希在临床实践方面的智慧、在公共卫生科学研究方面做出的贡献以及对心理问题思维方法的创新展现得淋漓尽致。内容新颖独到，令人耳目一新，值得一读！

阿夫沙洛姆·卡斯皮博士
爱德华·M. 阿内特教授
杜克大学心理学与神经科学系

莱希教授的著作内容新颖，富有卓识远见，阐释了理解心理问题的思维方式以及对心理问题进行分类的方法。长期以来，心理问题都是基于惯例而非实证进行分类的。莱希指出应根据人类经验以及各个重要维度的数据对心理问题进行分类，从而解决众多科学难题，减少对心理问题的污名化。本书可作为心理健康领域所有从业者、研究人员和决策者的必读书目。

罗伯特·F. 克鲁格博士
明尼苏达大学心理学系麦克奈特杰出教授

心理问题可能触及每个人。如果你想知道心理问题是如何被诊断出来的，可以阅读这本书。莱希博士在书中解释了如何彻底改善心理问题的激进计划。如果我们认真倾听作者在书中的建议，将会帮助我们更好地改善心理问题。本书具有权威性，语言通俗易懂，内容新颖独到。

特里·墨菲特博士
杜克大学特聘教授

本书内容独树一帜、见解独到，将从根本上改变读者对引发心理问题的原因及诊断方式的认知。本书内容如同小说一样引人入胜，只不过作者在第一章就揭露了引发心理问题的罪魁祸首：当前对心理问题概念的错误理解。莱希博学多识，但此书却通俗易懂，为读者分析了基因结构、个体性格和生活环境对心理问题的影响，以及心理问题的分级问题。能将心理问题的本质与心理问题的形成如此巧妙地结合起来进行研究的著作，只此一本。

亨宁·提米尔医学博士
哈佛大学公共卫生学院精神流行病学教授
鹿特丹伊拉斯姆斯大学医学中心研究教授

本书凝聚了本杰明·莱希多年积累的经验，内容新颖、文思敏捷，有助于那些致力于探索心理问题的人更深入地理解心理问题。莱希从维度层面重新思考心理问题的本质和诱因，解开了长期束缚我们的分类诊断思维锁链，丰富了我们对心理问题的认识。

弗兰克·费尔哈斯特医学博士
鹿特丹伊拉斯姆斯大学医学中心研究教授

我对这个世界有点过敏
心理问题的普遍性与污名化

[美]本杰明·B.莱希 / 著

赵善江 吕红丽 / 译

天津出版传媒集团

天津人民出版社

图书在版编目（CIP）数据

我对这个世界有点过敏：心理问题的普遍性与污名化 /（美）本杰明·B. 莱希著；赵善江，吕红丽译. -- 天津：天津人民出版社，2023.7
书名原文：Dimensions of Psychological Problems: Replacing Diagnostic Categories with a More Science-Based and Less Stigmatizing Alternative
ISBN 978-7-201-19483-7

Ⅰ. ①我… Ⅱ. ①本… ②赵… ③吕… Ⅲ. ①心理学—通俗读物 Ⅳ. ①B84-49

中国国家版本馆CIP数据核字（2023）第096996号

©Oxford University Press 2021
Dimensions of Psychological Problems:Replacing Diagnostic Categories With a More Science-based and Less Stigmatizing Alternative was originally published in English in 2023. This translation is published by arrangement with Oxford University Press. Hangzhou Blue Lion Cultural & Creative Co., Ltd. is solely responsible for this translation from the original work and Oxford University Press shall have no liability for any errors, omissions or inaccuracies or ambiguities in such translation or for any losses caused by reliance thereon.

著作权合同登记号：图字02-2023-095号

我对这个世界有点过敏：心理问题的普遍性与污名化
WO DUI ZHEGE SHIJIE YOUDIAN GUOMIN: XINLI WENTI DE PUBIANXING YU WUMINGHUA

出　　版	天津人民出版社
出 版 人	刘　庆
地　　址	天津市和平区西康路35号康岳大厦
邮政编码	300051
邮购电话	（022）23332469
电子信箱	reader@tjrmcbs.com

责任编辑	李　羚
特约编辑	傅雅昕　沈　颖
封面设计	袁　园

制　　版	杭州真凯文化艺术有限公司
印　　刷	杭州钱江彩色印务有限公司
经　　销	新华书店
开　　本	880毫米×1230毫米　1/32
印　　张	7.625
字　　数	156千字
版次印次	2023年7月第1版　2023年7月第1次印刷
定　　价	58.00元

版权所有　侵权必究
图书如出现印装质量问题，请致电联系调换（0571-86535633）

推荐序

究竟什么是心理障碍（医学文献中常称"心理疾病"）？这个看似基本的问题，却在千年的历史之中，一直是哲学、科学和临床实践领域中备受争议的问题。

在本书中，本杰明·莱希提出了一种极其简单的模型，阐释了心理问题是普通的心理发展过程。他认为，我们通常所说的心理障碍实际上并不是真正的疾病状态，而是由于我们的思想、情绪和行为这几个基本且普遍的维度分布极端不均衡造成的。换言之，我们不能用表示定性或本质的疾病分类"框"对心理问题进行分类。实际上，心理问题是某些个体特定的遗传基因和生活环境作用的产物，使他们在其生命周期的某些阶段产生非正常程度的适应不良现象（影响他们健康，甚至使他们产生外化行为问题或攻击性行为问题，并对身边的人造成伤害）。事实上，我们每个人的一生中，几乎都会出现心理问题，只不过程度有轻有重。心理问题通常会在童年时期和青少年时期出现先兆，是个体中风险因素和保护因素相互作用的结果，最终我们会形成与社会力、经济力协调统一的个体内特性。

实际上心理问题（科学研究中称为精神病理学）就是普通的问题，这也正是本书意在传递的重要信息。但本书所表达的重要思想并不"普通"，作者对观点的清晰表达也并不"普通"，相反，作者在这两方面都做到了极致。

莱希认为并不存在真正的精神疾病，起码不存在一系列不同类型的病种。但他也立即表明，自己的观点与半个世纪前美国精神疾病教授托马斯·萨兹提出的"精神疾病只是神话"的观点不同。莱希明确指出存在心理问题的人，尤其是那些各个维度呈极端分布并且早年发病的人，可能会对他个人、他的家庭、他所居住的社区甚至整个社会造成毁灭性的影响，他们的心理问题就不只是单纯的健康问题。他表示，许多其他临床科学家的观点也类似（不过，莱希并没有过多地讨论自己取得的大量科学成果）。因此，他开始研究精神病理学，研究美国国立精神卫生研究所的研究领域标准；与越来越多的研究者一起研究精神病理学的分级模型，如精神病理学的分级分类法。

莱希提出的模型具有几个关键特征，其核心是，精神病理学绝对不能用"全"或"无"的标准进行判定。我清楚地记得，多年前读研究生的时候，我所学到的是，一个人要么患有自闭症，或双相情感障碍，或精神分裂症，或多动症，要么完全正常。而现在，大量研究表明，几乎所有形式的心理功能障碍或精神病理学都是建立在一系列正常行为模式之上的。比如，自闭症谱系障碍、双相谱系障碍这两种疾病；其核心问题就是行为、思想和情感发生的变化。如果要确定什么是正常，什么是异常，就需要明确两者间的临界点，就像正常高血压和病理性高血压之间的临界点一样。然而，就行为和情绪而言，明确临界点的过程非常复杂，因为涉及的不是客观的生物学指标，而是个人对自身问题的反馈（或他人的反馈），还需要与社会因素、文化标准进行对比，从而判定此人行为是否正常。

莱希的观点在许多方面都与演化心理学的重要观点不谋而合，演化心理学认为现在所说的心理障碍或疾病，实际上就是人对环境的适应问题。也就是说，现代城市社会中人们的各种焦虑"症"可能是功能性警报功能，与人类早期进化阶段受到的潜在威胁性刺激有关，这些刺激只有在当代、后工业时代以及久坐不动的环境中才会使人们功能失调。

同理，人们的许多抑郁情绪和行为变体，在很大程度上也可以视为是人们在面对失败或失去时的预期反应。此外，基因具有脆弱性，如果基因的脆弱性完全表现出来，可能非常有害，但如果基因以异型结合子（指同源染色体同一位点上的两个不同的等位基因）的方式存在，就具有一定适应性，或者从维度层面上说，"负载"的组合风险等位基因相对较少。

此外，从表观遗传的角度而言，基因可以在个体之间或物种成员之间与环境相互作用、相互影响，这一点不言而喻（但仍然需要强调，莱希就秉持着这样谨慎的态度）。如果忽略环境因素，武断地判定精神疾病是"坏"基因或适应不良基因的产物，那就大错特错了。（无可否认的是，亦如我在此序结尾部分强调的，在某些情况下，有些特定的基因异常确实会导致严重的适应困难问题，特别是神经发育障碍等问题，如自闭症或多动症）然而，完全以文化标准来判定，即认为功能失调仅仅只是偏离个人标准或社会规范导致的，也是同样的错误。这些做法是将离经叛道、政治差异与心理失调混为一谈。最后，将（a）可遗传风险和（b）与此风险相互作用的环境因素真正地结合起来，才是研究心理和精神障碍以及临床实践的理想方案。

最重要的是，莱希始终坚持以科学的证据为基础，而不是只依靠横截面数据[①]进行研究。换句话说，对心理问题的发展路径和相互作用的纵向视角分析至关重要。这些发展路径——基因、性情、感情、后天的父母养育、学校教育、邻里环境和社区或政策层面的影响，决定了心理问题的典型与非典型发展结构。然而，如果详细展开叙述每一种路径并提供证据，一本书的容量是远远不够的。莱希还强调，性别差异的研究对于理解生命过程中心理适应与失调的起源和持续性至关重要。此外，种族、民族、社会经济和文化因素的影响也同样重要。

本书贯穿始终的重要观点，如书的副标题所示，是从心理问题的维度视角研究问题，反对将心理问题视为疾病状态和对心理问题进行具体分类，旨在减少对心理问题的污名化。即使在我们现在生活的时代，心理问题的污名化依然存在。我自己最近的许多想法、写的文章和做的研究也都集中在减少心理问题污名化的主题上。由

---

① 横截面数据是在同一时间，不同统计单位相同统计指标组成的数据列。——编者注

于《序》的篇幅有限，无法就此主题展开详述，但有证据表明，至少在某些领域，如果人们能够认识到心理问题与规范的行为、思想和情绪是连续统一的，社会距离和污名化现象就会减少。事实上，我们每个人的一生中都会经历适应失调的情况，有的人相比而言更容易患上心脏病或抑郁症，我们都只是普通人类，要做到让人们相信这一点需要很长一段时间。

此外，各项研究表明，如果研究者相信精神疾病完全是由生物遗传异常（例如大脑疾病）所致时，他们认为不应该指责患病个体适应不良的行为，但同时又认为他们的这种行为不仅不会改变，甚至更有可能存在暴力倾向。这就是我们的澳大利亚同事尼克·哈斯拉姆把这种"将精神障碍完全归因于生物遗传"的模型称为"喜忧参半"的原因。

诚然，在遭遇苦难和逆境时，我们确实更倾向于接受生物有脆弱性这个理由。如果完全排斥生物和基因风险，可能又会退回早期的观点，即心理问题是因为邪恶灵魂所致；或者误入近期的观点，即认为心理问题源于性格缺陷或完全因为父母不正确的养育方式。请注意，有关自闭症的"冰箱妈妈理论①"或对精神分裂症母亲的刻板认识，都是近几十年的事，这些理论和认识都是不准确的，都具有诋毁性、片面性。

总之，改变策略和大力宣传能够帮助有心理问题的人更容易

---

① 该理论认为母亲的冷漠是造成孩子患上自闭症的重要原因。

获得循证心理治疗，除此之外，人文关怀也至关重要。个人叙事和家庭叙事能够增强同理心，获得更多支持。癌症在20世纪的大部分时间里，都是一种被高度污名化的疾病，但是当癌友或幸存者能够抱团互相鼓励时，当公众能够意识到患癌并不可耻时，人们对癌症的态度就会变化，而且确实发生了改变，对癌症的科学研究和临床实践也接踵而至。心理问题亦是如此。莱希在本书中间的几个章节对内化、外化和思维方面存在的问题行为进行了理性总结，形成了一种模型，将这些行为模式的典型表现与非典型表现结合起来。再加上个人对问题的明确反馈，这样有利于增强个人的韧性，得到更多家庭和团体的支持。

莱希在写作过程中，语言表述清晰明确，始终秉持"知之为知之，不知为不知"的态度。书中提到他对21世纪30年代精神病理学的影响和过程复杂性不甚了解，坦言"我不知道……"，他的这种诚实态度令人钦佩。但是他的知识渊博，这一点毋庸置疑。他还解决了一系列长期困扰着精神科学和临床实践的问题和难题，"共病问题"就是一个突出的例子。对精神障碍进行分类缺乏经验实证，根本无法解释共病现象，即大多数患上既定形式精神疾病的人，往往又会同时或相继出现另一种或多种其他精神疾病的症状。如果精神障碍真的是独立存在的，那么这种多种疾病共同发生的情况（即共病现象）就应该不常见。虽然分类诊断系统无法解释多种疾病共同发生的情况，但是维度视角能够从多维度分析精神病理学互联分级的性质。

此外，在一个人的童年、青少年和成年初期的整个过程中，也可能会出现一系列精神障碍问题（例如，多动症、对立违抗性障碍、物质使用障碍、反社会型人格障碍），心理问题的维度视角受到发展精神病理学的影响不断丰富，与异型连续性（heterotypic continuity）的概念同步。也就是说，后天由于对环境适应不良形成的潜在脆弱性，可能会以潜在的外化维度展现出一系列具有特定年龄段特点的问题。这一观点与认为患有多种心理问题的个体只是从一种形式精神障碍过渡到另一种独立的精神障碍的观点完全不同。

本书如一剂解药，解开了自心理健康科学领域诞生以来一直困扰该领域的还原主义倾向之毒，这种倾向将所有生物学研究与所有家庭因素或社会心理因素对立起来。莱希还发现，许多高度重视心理问题各维度的个体都具有应对心理问题的潜力和适应能力。

本书是否对心理问题的本质以及解决心理问题的方法给出了明确的答案呢？当然没有，莱希自己也大方承认了这一点，毕竟心理问题研究在科学层面和理论方面都还不够成熟。但本书有助于拓宽心理问题研究者和临床医生的研究视阈，为未来的研究打开思路。

本书坚定地将心理问题归类为普通问题，读者可能会认为莱希对心理问题的描述过于轻描淡写，低估了心理问题时常引发的严重后果。然而，作者在书中明确承认心理问题可能带来的严重伤害。尽管如此，我还是不得不忍痛再次强调心理问题带来的伤害，有时是多种伤害并行，如绝望、无助、财产损失、家庭支离破碎以及随之造成的社会损失。现如今，我们时常能从媒体报道上看到，世界上的大多数（但不是所有）国家，尤其是美国，自杀率都在直线上升，特别是年轻女性的自杀率始终居高不下。在过去的20年中，诊断的神经发育障碍（如多动症和自闭症谱系障碍）案例急剧上升（真实的患病率是否同样也在上升又是另一个巨大的问题）。在许多国家，明显的贫富差距也是导致人们严重心理问题不断增加的因素。简言之，人的行为、思想和情感的极端分布，造成了人类潜能的巨大浪费。

对于本书所要传递的信息，若不进行深入解读，可能会产生极大误会。如前所述，如果读完本书最终得出的结论是，心理问题只是普通的问题，仅仅是违反了社会规范而已——这样的结论则忽视了人与人之间跨遗传因素和环境因素相互作用的明显证据，而这些因素恰恰是导致功能障碍的驱动因素。我们可能会因此重演20世纪60年代的历史，认为精神疾病是神的旨意，是专制政治制度的唯一产物，甚至是父母不良育儿方式的产物。

我恳请读者认真阅读本书，尤其是第8章和第9章。在这两章中，莱希介绍了在关键的行为维度中塑造个体行为差异的基因和环境（不仅包括家庭，还包括学校、社区和文化）因素，他明确地将这两种相互作用的因素结合而论，而不是对其进行细分。简言之，虽然人们对行为维度的定位过程简单而普通，但实际所涉及的过程非常复杂，这还有待于深入研究。这些章节专业性强，对许多读者来说理解起来存在困难，但却饱含了之前的和最新的研究成果，信息量大，值得深入学习。

我认为，在未来几十年，心理问题领域将得出结论，精神病理学领域中最严重的一些心理问题真的会被视为疾病状态（并可能会转移到神经学领域）。毫无疑问，患有自闭症谱系障碍（和其他神经发育障碍）的个体可能确属疾病，因为他们身体中的某些关键基因序列通过拷贝数目变异而发生了改变。此外，能够引起思维和情绪维度趋向极端的神经标记物以及异常情况愈发明显（虽然个例中尚未完全显现），如有些个体的心理问题，我们现在就归为了精神分裂症和双相情感障碍。在医学上，虽然收缩压和舒张压需要连续测量，但某些个体的收缩压和舒张压达到极高水平时，存在的危险因素和潜在生物学机制与其他人存在质的差异。然而，从总体上看，大多数"收缩压和舒张压水平极高"的人与"水平较低的人"之间只存在量的区别，而不存在明显的质的区别。

总的来说，对于心理学专业的学生，各级临床医生和实习医生，研究基础生物作用和社会作用并力图改善严重生活适应问题的研究者，从维度视角分析精神病理学但缺乏坚实基础的临床研究员以及研究由极端心理问题引起痛苦精神折磨和伤害背后的各种相互作用力的研究员，我都推荐阅读《我对这个世界有点过敏》一书。那些对心理问题心存好奇，渴望了解心理问题的普通读者也能从本书中受益。

最后我想要强调的是，我们不能在心理问题研究中一味强调生物学和遗传学至高无上的地位，或只强调不幸生活经历和环境因素的主导地位，而忽视其他因素。我相信，读者从书中了解了莱希的观点后，一定会对心理问题进行深入探究，不断学习，促进心理学人性化发展。心理问题污名化现象依然肆虐，心理学的人性化发展可成为一剂解药，化解人们对心理问题污名化之毒。我们人类作为一个物种，其未来的发展有赖于对心理问题的正确理解，对心理问题进行的科学研究进步以及采取的社会行动。

斯蒂芬·欣肖

旧金山加利福尼亚大学伯克利分校

2021年1月

前　言

虽然我们人类的肉体存在一定局限性，但对于地球上的生活，我们的适应能力可谓非常强大。在所有动物中，我们算不上强壮、凶猛的物种，但作为一个群体，我们是幸存者。大多数人生活富足，足以寻得配偶、繁衍后代。从达尔文主义来看，我们人类书写了一个成功的生存故事，从非洲寥寥无几的少数早期人类发展到现在全世界几十亿人。此外，人类的成功故事远不止生存和繁衍。我们在艺术、音乐、文学、戏剧、建筑、科技、科学和数学方面也都取得了非凡的成就。

然而即使如此，我们的生活也并非完美。几乎所有人都会时不时地出现情绪上的波动——恐惧、担忧、愤怒、悲伤等。有些重要事情的细节不容易引起我们的注意，很多人往往会忽视这些细节；还有很多人的所作所为，从长远来看无异于自掘坟墓。有不少人依赖于致幻药品，为了获得短暂的解放而付出巨大的代价。有些人的世界与他人的世界完全不同，他们所看到的、听到的、信奉的事情，可能完全不符合他人世界的逻辑和现实。这些经历常常给我们带来痛苦，破坏我们与他人的关系，影响我们的学习和工作，置我们于危险境地。

在如何认识心理问题方面，本书作者与其他心理学家和精神疾病专家一同提出了一种新的方法，能够帮助人们更好地理解心理问题，将心理问题对我们生活的负面影响降到最小。许多人认为，对心理问题的理解需要进行一场积极的变革，摒弃目前大多数精神疾病医生和心理学家持有的主要观点。本书正是对这场革命的宣言，变革需要改变思维：我们需要证实，"正常"和"非正常"心理功能之间不存在质的区别。准确说，心理问题是我们的思维、情绪和行为方式出现了问题，是从轻微至严重的连续维度。

心理问题不存在类别，相互之间也没有明确的界限。相反，心理问题的维度相互关联，并非截然不同，也就是说，人们有可能同时在多个维度出现心理问题。然而，将心理问题理解为相关维度出现问题，并不是混淆我们对心理问题的本质和起因的理解，而是揭示了每个维度之间相互重合的原因和每个维度独特的原因，这一层级结构有助于我们理解心理问题的起因。

我们不应该再把心理问题视为少见又可怕的心理"疾病"。心理问题是我们生活中的常见问题，是从轻微到极端的连续过程。最重要的是，心理问题的产生过程与我们各个方面的行为一样，都是自然产生，当属普通问题。即使那些正在与极端心理问题做斗争的人亦是如此，他们的心理问题也是自然产生的。

此外，心理问题的普遍程度远超过我们的想象。近年的研究提供了有力证据，表明大部分人的一生中都会在某个时段经历一些令人痛苦的心理问题。这句话看似令人心酸，但事实的确如此。我绝不是说所有人都会陷入精神疾病——这种认识是片面的，也是不可取的。心理正常的人也有精神崩溃的时候，这不属于心理问题；心理问题只是人生经历中的自然组成部分。我们大多数人都会在人生中的某些阶段经历痛苦的心理问题，这些问题的产生是由轻微自然过渡到严重的连续过程。

本书建议摒弃美国精神病学协会出版的《精神障碍诊断与统计手册》第五版（DSM-5）和世界卫生组织出版的《国际疾病分类》第十一版（ICD-11）中关于精神健康问题的主要模型，并说明了这一变革的紧迫性和重要原因。这些诊断手册中提出的模型已经出现问题，这些模型的存在总体上说已是弊大于利。不过，本书并非主张"反精神病学"。我反对的不是精神病学的原则，而是DSM中对心理问题的定义方式。本书的目的是阐释一种新的思维方式，使所有人能够更好地理解心理问题。这里的"所有人"是指患有心理问题的人，以及那些努力帮助人们治愈心理问题的精神疾病学家、心理学家、心理治疗师和社会工作者。许多专业人士都做好了放弃DSM心理问题模式的准备，但由于这一模式过于根深蒂固，因此对于我提出的新思维模式，有些人可能会感到难以接受。

本书中有些重要观点，是50多年前一些富有卓识远见的心理学家和精神疾病专家提出来的，只不过一直未成为理解心理问题的主导思想。当时只是时机未到。而今天，一个由世界顶尖心理学家和精神疾病专家组成的国际组织正在发声，呼吁提倡这些观点以及其他新的思维方式，我也是发声者之一。与50年前不同的是，现在我们有了新的科学证据，我相信这些证据足以打破过时的思维方式。如何看待心理问题这一争论已达到临界点。虽然我们对心理问题的理解还只是冰山一角，但现在时机已到，我们可以利用已有的研究成果，以新思维解读，使人们更加关注心理问题。

本书以科学为依据，以人文主义为出发点探讨心理问题，指出心理问题并非性格缺陷引起的，也不是病态心理的产物。相反，心理问题是正常的心理过程中，因个体差异产生的普通结果，但有时的确会让人非常痛苦。以人文主义为基础研究心理问题的观点得到了最新科学研究数据的支撑。我希望，从维度的角度思考心理问题，能够减少我们对自己和他人心理问题的污名化。如果我们能够接受"几乎所有人都会在生活中的某个时刻经历心理问题"这一观点，就不会再对心理问题产生误解。对心理问题进行污名化，会对每个有心理问题的人不利，会导致他们需要帮助时难以得到帮助，更加难以做到良好适应。心理问题本就会让人产生消极情绪，再对其进行污名化，无异于雪上加霜。

本书阐释了如何能够以及为什么应该用心理问题的维度模型取代DSM和ICD中的分类诊断模型。现在，我们有足够的科学数据全面阐释心理问题的各个维度，这是前所未有的。即便如此，若要对心理问题的本质进行描述，仍需要以最新的科学推断甚至科学推测为基础。我在职业生涯中，一直致力于心理学研究。但此时，我需要暂时抛开这一角色，全面研究我们现在所理解的心理问题，有时可能还需要对未得到充分研究的内容进行有根据的推测。

我深知现在就写这样一本书还有些不成熟，也希望读者知悉。我会认真辨别那些基于假设的研究（与当前研究数据不符的研究）。如果一个人想暂时停下手中的科研工作，全面叙述迄今为止所学到的知识，这是最好的办法。当然，这意味着，如果以后出现新数据，那么我现在所写的部分甚至大部分内容都将失去效力。然而，科学研究的目标就是，能够让我们在时代的发展过程中，对事物本质的认识越来越准确。

本书适于受过教育的普通大众、临床实践或学术界的心理学家、精神疾病医生、顾问和社会工作者阅读，尤其适合即将进入心理咨询行业的学生和实习生。心理咨询领域正发生着突飞猛进的变化，作为学生更应了解个中缘由。

目录

DIMENSIONS OF PSYCHOLOGICAL PROBLEMS

第 1 章　**心理问题的概念化**　/001

第 2 章　**心理问题的维度**　/031

第 3 章　**内化问题的维度**　/055

第 4 章　**外化问题的维度**　/071

第 5 章　**情感问题的维度**　/093

第 6 章　**心理问题的层级性质**　/115

第 7 章 　性别差异与心理问题发展　/137

第 8 章 　心理问题的起因之遗传—环境的相互作用　/161

第 9 章 　心理问题的起因之与世界的交互作用　/185

后　记　/209
技术附录　/211
致　谢　/219

第1章

心理问题的概念化

总体上说，我们人类的生活是成功而且美好的，但同时也充满了各种变数，甚至时常事与愿违，屡屡遭受痛苦的折磨。有时，我们的痛苦源于那些人类完全无法控制的情况；但很多时候，我们所产生的痛苦和患上的功能障碍往往源于自己的行为，甚至是我们行为中固有的部分，这也正是本书所要探讨的主题。**心理问题**是指，导致我们产生痛苦或在重要领域患上功能障碍的各方面行为。本书从广义上探讨了这些行为，包括我们的思维、感知、感觉和行为处事的方式。

心理问题的这一定义直接且实用，替代了当今西方国家在心理问题研究方面的主流观点。和许多心理学家和精神疾病学家们一样，我一开始也认为，正是我们当前看待心理问题的方式给我们带来了无尽的困难。具体来说是指，美国精神医学学会出版的《精神障碍诊断与统计手册》第五版和世界卫生组织出版的《国际疾病分类》第十一版中的心理问题概念，这两本手册将心理问题概念化为：精神疾病的二元分类诊断，反映了个体心理过程中的功能障碍，与"正常的"心理过程存在着本质区别。这一概念（下文简称为DSM模型）深深植根于我们日常对心理问题的理解之中，既有误导性，又有危险性。简单来说，问题在于：对心理问题的定义和理解方式决定了我们对心理问题的思考和感受方式，从而决定了我们处理心理问题的方式，因此如何定义和理解心理问题至关重要。本书旨在敦促我们重新审视自己对心理问题的认识，摒弃DSM模型关于精神障碍"非黑即白"的二分法观点。

起码从有历史记载以来，人类就在不断尝试了解心理问题，然而不幸的是，大多数的努力最终都起到了反效果。最初人们认为，但凡存在心理问题的人，要么是神之意旨，要么是恶魔附体或者道德败坏。大约到了19世纪初，西方国家普遍采用的是**心理问题的医学模型**，存在心理疾病的人由医生负责治疗，而不再由外行的精神病院监护人员看管。早在2400年前，希波克拉底[①]就提出心理问题属于医学范畴，是由于身体中的4种液体（血液、黏液、黄胆汁、黑胆汁）比例失衡引起的。然而，19世纪时，精神疾病学家理查德·克拉夫特-埃宾[②]等人发现，引发梅毒的细菌有时会感染大脑，导致当时很常见的精神失常和认知退化等衰弱综合征，即麻痹性痴呆。这一惊人发现使人们再次将心理问题归为医学问题。克拉夫特-埃宾使用的科学研究方法，若是放在现在，就显得不够精细而且也不道

---

① 古希腊伯里克利时代的医师，被西方尊为"医学之父"，西方医学奠基人，提出了"体液学说"，其医学观点对以后西方医学的发展有巨大影响。——译者注

② 奥地利精神病学家，性学研究创始人，早期性病理学研究者。——译者注

德。他用梅毒性下疳①的脓液给那些患有麻痹性痴呆的人接种疫苗。几乎可以肯定的是，如果是在知情的情况下，这些人不可能同意参与这个实验。通过实验，克拉夫特-埃宾发现受试者对疫苗的反应与感染了梅毒的反应一样。因此他推断，梅毒感染也会引发麻痹性痴呆。第二次世界大战期间，人们用青霉素治疗梅毒的方法取得了成功，西方国家每年因麻痹性痴呆进入精神病院的新病例几乎降为零。这是令人瞩目的科学胜利！这一科学成果减轻了人类的痛苦，人们因而乐观地认为，各类心理问题可能都是由影响大脑的细菌引起的。此外，人们还发现，伤寒感染有时也会引发严重心理问题，这更坚定了人们的信念：心理问题实际上就是医学问题，医生就应该是治疗心理问题的专业人士。

当然，对于上述这些引发心理问题且可治疗的感染，都可以采取医学方法进行治疗。然而，后来人们几乎再没有发现其他可能导致心理问题的感染。有了这样的事实，心理问题的医学模型本应得以界定，然而事实却并非如此。不幸的是，由于没有发现细菌和心理问题之间存在更多联系，心理问题的医学模型暗含的意义也就更广泛了。现代医学模式的逻辑延伸到了"心理疾病"（即不具备已知生物性疾病的精神"症"综合征）之中。

---

① 梅毒性下疳是指梅毒一期的皮肤黏膜的表现，主要发生在外生殖器部位，以单个溃疡多见，还有大量的分泌物，里面有梅毒螺旋体，具有很强的传染性。——译者注

赞同这一医学模式的学者认为，把心理问题与精神疾病进行类比是合理的，因为他们期望将来人们会发现每一种精神障碍在大脑中的生物性"病症"。然而，支持其他医学模式的理论家认为，"精神疾病"一词只是一个恰当的比喻而已，大脑疾病只是类似于"心理疾病"而已。他们认为，无论我们是否了解精神疾病的生物学基础，精神疾病都是"真实"存在的。当今活跃的大多数心理学家和精神疾病学家经过学习，都自认为能够辨别"正常"和"异常"心理之间的差异，从而能够"诊断精神疾病"。然而，这是完全不合理、毫无根据的概念，对患有心理问题的人也是极其有害的。

心理问题的DSM模型

《精神障碍诊断与统计手册》第五版中对精神障碍的定义是："精神障碍是一种综合征，其特征表现为个体的认知、情绪调节或行为方面有临床意义的紊乱，它反映了精神功能潜在的心理、生物或发育过程中的异常。"[①]这也是现代心理问题的医学模型。所幸第五版与第一版不同，不再将心理问题归为精神疾病。尽管如此，DSM当前版本中使用的医学术语，如"症状""诊断"和

---

① 本译文出自张道龙译《精神障碍诊断与统计手册》第五版（第18页），北京大学出版社。——译者注

"精神病理学",揭示了这一版DSM手册的医学模型基础。精神病理学(psychopathology)这一术语尤其具有说服力,因为这个词就是精神疾病(mental illness)的同义词(psychol="mental",pathology="disease")。事实上,DSM-5在介绍部分,明确指出了精神障碍与正常精神之间的界限:

> ……体征和症状超出正常范围的精神病理学状况,需要临床训练加以识别。[①]

而如本书前言部分所述,本书立意并非"反精神病学"。我反对的不是精神病学,而是DSM将心理问题概念化和定义心理问题的方式。我的目的是,以最新的实证证据为基础,研究应该如何看待心理问题这一关键问题,并倡导以**维度方法**对心理问题进行概念化,更好地服务于我们这些经历过心理问题的人和尽力帮助人们解决心理问题的专业人士。提倡对心理问题的思维方式进行变革(如本书所述)的呼声越来越强,我只是发声者之一。心理问题的DSM模型与维度模型之间存在巨大差异,在此我恳请读者静心阅读。

需要声明一点,本人参与了DSM第四版和第五版的修订工作。我是DSM第四版工作组的成员,负责始于儿童期的典型精神障碍相

---

① 本译文出自张道龙译《精神障碍诊断与统计手册》第五版(第17页),北京大学出版社。——译者注

关内容；我还是DSM第四版现场试验的负责人，对各种心理问题进行了测试，主要是本书中我提到的儿童和青少年时期的外化问题。此外，我还担任了DSM第五版中此类问题的修订顾问。虽然我从未接触过精神障碍的医学模式，但是当我参与DSM的修订工作时，我发现DSM虽然问题重重，但却必不可少。因为DSM影响了人们对心理问题的思维方式，决定了心理问题的保险赔偿范围，所以我决定尽可能利用数据描述心理问题的症状和诊断阈值。以前我认为，如果DSM能够基于可靠的实证证据，或许还有继续存在的意义。但现在我认为，**要么彻底摒弃DSM，要么就出版DSM第六版**，并采用本书介绍的维度思维模型。当然，如此大胆的宣言，离不开可靠的论据支持，这也是我在本书中着重阐释的内容。

心理问题的"新"模型

本书主张摒弃心理问题的医学模式，以一种更简单、更实用的模式取而代之。从某种意义上说，就是要进行一场思维方式的变革。从DSM思维方式转向本书所述的思维方式，是一个巨大的变化，许多人可能会难以接受。但实际上，本书所倡导的新方法并非毫无依据。本书中所倡导的思维方式的变革，早在50多年前，就有一些富有远见卓识的学者提出过。特别是心理学家阿尔伯特·班杜拉从实用主义的角度，将"异常行为"简单地定义为"对个人有害或广泛背离公认的社会和道德规范的行为"，并没有提到"精神疾病"一词。精神疾病医生托马斯·萨兹同样主张用哈里·斯塔克·沙利文相对含蓄的"生活问题"代替"精神疾病"一词，但却被广泛误认为，他否定了心理问题的存在。实际上他并没有否定心理问题的存在，而是否定了基于医学疾病类比的"精神疾病"这一概念。

与班杜拉的观点一样，我在本书中对**心理问题**的定义是：指任何方面的行为，广义上是指对我们在学校、公司、家庭或其他生活重要领域的正常行为功能造成损害，让我们感到痛苦的各种情绪、思想、认知、动机和行动。人类的行为方式多种多样，行为中的一些个体差异会给我们带来痛苦，影响我们的生活。如果你存在这种情况，就说明你有心理问题，如我所说，这就是一种简单、务实、客观的思维方式。反之，如果你的思维、情绪和行为方式对你没有产生什么负面影响，那么你就没有心理问题。就这么简单。心理问题不是什么"心理异常"或"心理疾病"的问题；而是你的行为是否会对你造成影响的问题。

当然，心理问题只是一个程度问题。不管是DSM、本书还是其他文献，都没有界定适应性行为和心理问题之间的临界点。这是因为心理问题是连续的，不存在自然分界线。想象一下，假如你受邀参加一个聚会，但聚会上的人你都不认识。参加这样的聚会时，有的人自信大方；有的人略显紧张；而有的人则忧心忡忡，生怕遇到不喜欢自己的人；还有的人，虽然出席了聚会，却默默忍受着被动社交的痛苦煎熬；有些人会因为焦虑情绪彻底拒绝聚会邀请。

社交焦虑情绪具有连续性，如何能从中画一条线，判定谁存在社交焦虑的心理问题而谁没有呢？DSM中有答案吗？公平地说，参与DSM第五版修订的专业人士都做到了尽可能切合实际地明确哪种程度的社交焦虑才可视为精神障碍。DSM-5诊断标准的初衷就是试图在"正常"和"异常"社交焦虑之间划出一条明确的界限。

遗憾的是，DSM的标准不仅模糊不清，而且从某些方面来说，反而将判定两者之间界限的问题更加复杂化。例如，DSM中对社交焦虑症的具体诊断标准是：一个人的社交状况必须"几乎总是"引起强烈的焦虑感或恐慌感。那么，假如一个人在社交场合中只是偶尔产生了强烈焦虑感，但这种反复无常的社交焦虑让他痛苦不堪，不得不辞去待遇良好的销售工作，结果失业两年。如果按照DSM的诊断标准判定，他的行为就不属于社交焦虑症，因为他并没有"几乎总是"产生社交焦虑感。也就是说，尽管这个人的行为给自己带来了痛苦，也使他的正常生活功能受损，但根据DSM诊断标准，此人没有社交焦虑症。

本书提出的从维度视角看待心理问题的观点与DSM截然不同，而且非常务实。你唯一需要对自己的心理问题划分界限的时候，就是当你决定是否需要心理治疗的时候，而这完全取决于你自己。你需要判定自己的思维、情绪和行为是否已经让你感到痛苦万分，或者是否已经影响到了你的正常生活，是否已经达到了需要进行心理治疗的程度，也就是说你可以在心理问题维度上的任何一个点寻求心理治疗。

在决定进行心理治疗的同时，你还需要谨慎考虑进行心理治疗给你的生活带来的负面影响——如经济成本、可能遇到不合格的心理医生，药物的副作用及其他医学治疗风险。但是，如果现在的行为让你感到很痛苦，并且造成你的生活功能受损，如果不进行心理治疗，这种痛苦和影响还会继续下去，虽然这些影响通常风险不大，但是你还是应该从务实的角度出发，寻求心理治疗。这种对心理问题的界定方法简单易行，意义重大。你完全不必非要等到确定自己有了**心理疾病**之后再去寻求心理治疗！

本章内容是以班杜拉和其他心理专业人士的观点为基础，这些观点已经存在了一段时间，并得到了许多当代心理学家和精神疾病专家的支持。他们已经完全跳出了心理问题惯常的思维方式。因此，我所倡导的心理问题思维方式，看似是一场变革，实则只是在唤醒许多专业人士。希望本书能够推动他们的觉醒。这非常有必要，因为有的专业人士虽然明确表示赞同班杜拉对心理问题提出的务实定义，但他们实际使用的仍然是医学模型中的术语和概念。这是因为保险公司进行报销业务时，要求心理学家和精神疾病医生必须使用DSM中的医学术语和定义。站在保险公司的角度，只报销用于治疗"医学疾病"的费用也是合情合理的，但是这种做法却迫使精神疾病医生、心理学家和其他专业人士只得将心理问题视为医学问题。而这在潜移默化中必然会误导我们所有人将心理问题视为真正有害的疾病，但是我们自己往往都意识不到。

如果我们采纳本书倡导的维度观点，就需要一种新的策略，帮助那些因为心理问题寻求心理治疗的人获得资源。不难想象,如果那些寻求心理治疗的人,不再受到健康保险条件的约束,也无须一定要按照某个手册的标准才能获得心理治疗,那将是多么美好的一个体系。从政治上说,这样的体系可能很难实现,但这才是公正的体系,而且也不是完全不切实际的。

社会冲突与心理问题

值得一提的是,DSM的多个版本都明确指出,如果一个人的行为仅仅是与社会标准形成冲突,就不能将其诊断为精神障碍。显然,绝不应该将人们对社会产生的意见分歧视为心理问题。本书认为,观点无对错,所以如果个体是因社会冲突而感到痛苦或受到损害,选择进行心理治疗,是完全合情合理的。并非只有被诊断为精神病的人才能获得心理治疗,如果你内心感到痛苦或者因此受到伤害,不管原因如何,都可以寻求心理治疗。当然这并不是说,对于少数群体受到的各种歧视性待遇,我们就应该置之不理。歧视和虐待给他们造成的心理阴影,仅靠提供专业的心理治疗显然是不够的。减少社会中的歧视和虐待行为,心理问题也会随之减少。

心理问题的普通性

心理问题属于普通问题,这是本书的一个核心思想。为什么这么说?当然,我并不是说心理问题普通就不重要,就可以忽视,心理问题往往会给我们带来痛苦,严重影响我们的生活,有时甚至会酿成悲剧。尽管如此，我认为仍然应该将心理问题视为普通问题，原因主要有两点：第一，心理问题并不是精神疾病或大脑疾病的产物，与所有行为一样，心理问题也是正常的生物和心理过程。第二，最新研究表明，存在心理问题的人远比我们知道的要普遍得多，因此理应被视为普通问题。

心理问题形成的普通过程

每个个体的行为之间存在广泛差异，这是人类的一大特点。人类的生活有许多相似之处，但我们行为中的个体差异却具有普遍性、自然性和普通性。当我们的大脑和行为中的一般变化与我们的经历发生交互作用时，行为就会出现个体差异。本书将在第9章详细阐释**"交互作用"**这一术语。简单来说，交互作用是指我们的行为影响我们的生活环境的过程，反之，生活环境也会影响行为的过程。此外，个体心理特征的变化会影响到每个人承受冲击、意外和恐惧的程度，而这些个人经历都有可能引发心理问题。这些交互作用过程会以完全相同的方式影响个体的适应性行为和问题性行为。在此我要再次强调，心理问题之所以普通，是因为心理问题与适应性行为一样，都是一种自然形成的过程。

值得一提的是，从这种交互作用的视角来看，有些人很幸运，个人经历与其行为差异相适应，因而不会产生损害性心理问题；而有些个体则不然，虽然心理特点相似，但是与生活环境发生交互作用时却不能良好适应，会产生痛苦行为和功能失调行为。心理学家斯蒂芬·欣肖指出心理问题并非存在于个体之中，而是存在于个体与其周围环境的相互作用中。假如两个人心理特点完全相同，但是生活的环境不同，形成了不同的适应性行为，那么这两个人所感受到的痛苦程度和产生的功能障碍也可能存在很大差异。因此，我们的行为适应性在很大程度上取决于行为与环境之间的**适应程度**。以这种思维方式理解心理问题极其有益，这能够鼓励我们思考帮助他人的方法，使他们更好地适应环境。然而，需要谨记的是，我们每个人都在自己的生活环境中扮演着积极的角色。你可能已经发现，阿尔伯特·班杜拉对异常行为的定义与医学模型不同，他的定义更务实。虽然他的定义本质上无误，但是我们可以停止也应该停止继续用**"异常"**一词形容我们的行为。

　　心理问题是普遍问题，是普通心理过程，不是异常心理的产物。因此，我一方面希望推动班杜拉开创性思维的复兴，另一方面力争减少对心理问题的判断性和污名化术语，如异常心理。此外，人们在心理问题的本质和普遍性方面的研究已经取得了重大成果，因而是时候进一步更新和丰富班杜拉的观点了。50多年来，我们已经对与班杜拉的观点直接相关的研究有了充分了解。

心理问题普遍存在

　　心理问题是普通现象的第二个原因是：最新的数据表明心理问题普遍存在。从20世纪90年代开始，一场关于流行病学的大规模研究在美国乃至全世界展开，研究人员从人群中抽取了数万人匿名参与问卷调查，问卷内容涉及他们的情绪、思维、认知、行为状况以及有心理问题时的痛苦程度或问题严重程度。通过问卷研究发现，患有恐慌症、抑郁症、嗜酒症、幻觉症以及其他心理问题的人，数量远超乎我们的想象。如果严格按照DSM诊断标准评判问卷中的报告，仅在过去的一年中，问卷参与者中就有约25%的人达到了至少一种精神障碍的诊断标准。每一种具体的精神障碍本身并不普遍，但总体而言，心理问题却相当普遍。

当然，我们应该采用批判性的思维分析这些研究结果。按照DSM的诊断标准，人们患上精神障碍的可能性非常高，可能存在参与者对无关紧要的问题过度报告的情况。然而，鉴于对心理问题的污名化情况很多，我倒认为实际患病率有可能比研究结果更高。即使在匿名的情况下，我们可能也不愿意承认自己存在恐惧症、强迫症、上瘾症、幻觉症等问题。此外，调研中报告的心理问题并非小问题，都是给人们带来了极大痛苦并对生活中许多重要领域的行为功能产生损害的问题。虽然其中也有一些心理问题并不至于造成痛苦或行为功能损害，例如对昆虫的恐惧或恐高，但研究发现大多数心理问题都是导致内心痛苦和生活功能紊乱的根源。

然而，还不止于此！虽然根据DSM的诊断标准，过去一年里至少有25%的成年人患有一种精神障碍，这一数字看似很高，但实际却只是冰山一角！这类大规模的调查研究，只是捕捉到了问卷参与者在一年中的情况。若要充分调查心理问题普遍性，就应该调研我们整个一生中心理问题的患病率。因此，对普通人群进行几项大规模的**纵向**研究至关重要，即需要对同一群体跟踪多年调研其心理问题的情况。这些纵向调研的结果表明，在为期30年的调研时间中，普通人群中有80%的人至少患过一次符合DSM诊断标准的精神障碍，这一结果简直令人瞠目结舌。所谓的异常行为看上去再正常不过了！

此外，在这些纵向研究中，并未涵盖所有类型的心理问题，因此，如果调研范围再广一些，至少患有一种符合DSM精神障碍的人数比例可能会更高。再者，这些研究仅报告了符合DSM诊断标准的精神障碍。还有很多人也存在心理问题，只不过没有达到DSM的"官方"诊断阈值罢了。例如，据一个深受心理问题困扰的人报告，他几乎每天都沉浸在悲伤之中，晚上难以入睡、缺乏自我价值感，甚至产生过自杀的念头，这样的情况至少持续了两周时间。他只表现出了重度抑郁症的4种"症状"，而DSM标准中抑郁症的"症状"有5种，因此，他的情况低于DSM诊断阈值，不符合抑郁症标准。仅这一个例子就说明，抑郁症的患病率无疑被低估了，因为在这些流行病学的研究中，分别表现出抑郁症中的一个、两个、三个或四个"症状"者，总数量远远大于表现出五个"症状"者的数量。这一点非常重要，因为越来越多的证据表明，无论是高于还是低于DSM诊断阈值的"症状"，都会给人带来痛苦，影响正常生活。

目前有许多研究已经开始关注那些精神障碍症状在"阈下"的人，即表现出了一些精神障碍的症状，但不足以满足DSM诊断标准的人。一些具有代表性的研究成果表明，阈下创伤后应激障碍和阈下精神疾病都会影响生活中的多方面功能，给人们带来痛苦，导致行为功能受损，而青春期的阈下抑郁症会增加人们未来的自杀风险。基于DSM诊断标准（即"大多数人在生活中的某个时间点满足所有症状"）的调研，显然低估了心理问题的普遍性。如果考虑到阈下症状者的数量，心理问题确实很普遍。公正地说，几乎所有人都会在生活中的某个时刻出现心理问题。

需要重申的是，严重的心理问题会给我们带来痛苦，影响到我们的生活，然而即便是这样，心理问题仍属于普通问题。从未经历过心理问题反而不正常。如果你认为这一说法不合理，那么你可能存在对心理问题污名化或夸大心理问题严重性的情况。虽然心理问题可能会让人产生巨大痛苦，影响我们的生活，甚至让你在一段时间中痛不欲生，但是这些心理问题都可以顺利克服。心理问题可能会，但并非总是如我们想象得那样严重。

心理问题虽普遍但不容忽视

心理问题虽然是普通问题，但并不意味着我们只能选择忍受。心理问题是真实存在的问题，出现了心理问题就要进行治疗。心理问题不容忽视，造成心理问题有很多方面的原因。从经济和社会的角度来看，心理问题对社会造成的负面影响不可估量。当我们出现心理问题时，由于无力工作，效率低下，社会关系严重受损，因此有可能给我们带来巨大的经济损失，甚至比其他身体健康问题引起的损失更大。在减少心理问题方面投入更多，将是一个社会对未来的一种良好投资。然而，遗憾的是，几乎所有国家在心理问题治疗方面投入的资金都远低于在身体健康问题方面的投入。

接下来我要说的可能会让一些读者感到极度不安，但我必须在此表达出来，这样读者才能充分认识到心理问题的严重性：出现严重心理问题的人，其寿命要比没有心理问题的人的寿命短得多。例如，多动症、尼古丁依赖症、酒精滥用和阿片类药物滥用等心理问题分别可能直接导致事故、癌症、过量服用和其他形式引起的死亡。此外，具有心理问题的人平均寿命会缩短，还有一部分原因是，他们因抑郁症和其他心理问题而导致的自杀率较高。还有些存在心理问题的人，寿命缩短的原因是饮食不良以及未能获得必要的医疗护理。无论何种原因，心理问题都有可能导致寿命缩短，因此心理问题不容忽视。

为存在心理问题的人提供直接帮助有助于延长其寿命。例如，大量研究发现，存在严重注意力缺陷问题（分心、冲动等）的人，服用治疗药物后，其自杀率比没有服用药物的人低，发生车祸的概率也更小。对存在其他类型心理问题的人进行有效干预，也能使他们的情况得到改善。也有证据表明，仅通过提高身体素质，也可以抵消心理问题带来的健康风险。

心理问题的污名化情况

我们需要了解，心理问题对我们造成的伤害主要表现在两个方面。我们行为中的某些变化，如情绪不稳、恐惧或易怒，都会给人带来痛苦。有些心理问题，如注意力分散、具有攻击性、社交依赖症等，会直接影响我们的生活，导致我们工作效率低下，生活不如意。不幸的是，心理问题的另一种伤害形式，原本伤害是完全可以避免的，但却给人们带来了重大伤害。几乎所有文化都给心理问题冠上了污名——因此，我们会鄙视并害怕有心理问题的人；而当我们自己有了心理问题时，就会感到窘迫不安。这种对心理问题的污名化对有心理问题的人来说，无异于雪上加霜。

对心理问题冠以污名会给人们带来三大伤害。首先，如果我们因抑郁问题而感到窘迫不安，这种不安会给本来就存在的负面情绪加码，导致我们更加抑郁。其次，我们自己给自己的心理问题冠上污名，会致使我们难以迈出寻求心理治疗的步伐，从而错失改善的机会。最后，他人对我们的心理问题冠上污名，就不会以人性的方式对待我们，他们会远离我们，对我们的就业和购房造成障碍，使我们的生活状况更加恶化。事实上，对心理问题的污名化与无知，甚至还会导致不必要的人身监禁，甚至与警察之间发生严重冲突。

能够认识到我们人类所经历的心理问题是普通问题，有助于减少对心理问题的污名化情况。心理问题并非少数患有精神疾病的人才存在的问题，而是几乎我们所有人都会经历的普通问题。我们不敢承认心理问题的普遍性，是因为害怕自己被冠上污名，因此常常选择对自己的心理问题缄口不言。最近的研究结果表明心理问题具有普遍性，希望这些发现能帮助我们擦亮眼睛。如果我们接受了心理问题的普遍性，就不会再对其产生惧怕情绪，也不会对其进行诋毁。如果我们能够明白，绝大多数人在生活中的某个时候都可能出现心理问题，如恐惧、焦虑、悲伤或物质成瘾症等，就不太可能再对心理问题进行污名化。

值得注意的是，我们对心理问题的污名化通常只是停留在语言文字层面，而且并无恶意。大多数人提到心理问题时，使用的通常都是医学模型中的术语，如**精神疾病、精神障碍、精神病理学或心理健康问题**。我们之所以使用这些术语，是出于存有心理问题的人的关爱，以示心理问题并非他们本人之错，而是心理疾病导致的。即便如此，这些术语毕竟还是自带污名。尽管这些术语的外延意义与本书所述的心理问题意义重合，但这些术语暗含贬义，强化了人们对心理问题的不好印象。他们说你的心理问题是**疾病、障碍和病理学**造成的。这难道不是加重了心理问题的污名化吗？

一个人很难鼓起勇气说："过去的一个月里我一直都很不开心。我只想睡觉，吃饭没有胃口，不喜欢与朋友共处，感觉自己一文不值。我感到很痛苦，工作和家庭生活也因此受到影响。我决定寻求心理帮助。"然而，对大多数人而言，更难启齿的是："我患上精神疾病抑郁症，曾经健康的心理现在出问题了，所以我需要寻求心理治疗。"但是如果能把心理问题看作是普通又普遍的问题，就有助于消除这种污名，有心理问题的人也不会再被看作精神异常。

心理问题释义的复杂化

虽然我认为对心理问题唯一合理的释义是：会给人带来痛苦或造成损害，但是让人们怯于寻求帮助的行为。然而，这个定义虽然务实，但是也将一些非常重要的问题复杂化了。

第一，众所周知，有些存在心理问题的人并不认为自己有问题，即使他们的家人、朋友、老师和雇主出于善意提醒他们，担心他们会因此而毁掉自己的生活，他们也不会承认。对于那些出现药物滥用行为、躁狂行为、反社会行为和其他心理问题（将在第3—5章中进行探讨）的人来说，情况尤其如此。这种情况下，提供专业心理帮助的过程就变得非常复杂，还会触及道德失衡的问题。为他们提供心理帮助，首先需要说服他们，如果接受了心理治疗，生活就会有所改善。然而，大多数社会为了全民的最大利益，会实施预防计划以降低诸如长期反社会行为这类心理问题的患病率。此外，如果有心理健康专家或非精神疾病专业的医生、警察和法官认定某些人存在对自己或他人构成危险的心理问题，许多政府允许将这些人锁进精神病院几天。有时甚至可能会对其进行强制性监禁和治疗。虽然这些强制性监禁和治疗是合法的，初衷也是善意的，但这样的权力着实可怕，有时可能会被滥用，因此实施前必须进行严格核查。

第二个被复杂化的重要问题是，我在本书中提倡的关于心理问题的释义，虽然务实但是也需要付出成本。如果人们能够自由决定何时需要专业的心理治疗——当然也有人是被迫接受治疗——那么治疗需要花费多少钱？心理问题专业人士进行治疗是需要付费的。目前，从事心理问题的治疗工作主要是心理学家、精神科及其他科医生，以及一些专业人士。几乎在所有国家中，只有根据DSM或ICD诊断标准确诊为精神障碍并参加保险的人才能获得免费治疗。无论你生活在美国（如果你能够有幸买到一份好的健康保险，保险公司就可以报销所需费用），还是生活在能够免费（使用纳税人的钱）获得心理治疗的国家，要想获得免费治疗，首先需要经过诊断，符合条件后才可以享受免费治疗。心理诊断是你获得免费服务的唯一途径，除非你愿意自费治疗。

既然如此，那么我强烈支持的班杜拉对心理问题的释义，是不是就显得太理想化了呢？不，这一定义虽然过于乐观，但是符合现实情况——如果广泛采用，或许会带来改变。不难想象，那些决定为所有寻求心理治疗的人提供专业服务的国家，一定是出于以下三个原因中的一种。

首先，提供心理治疗服务，可能并不会导致寻求心理治疗人数的激增。虽然我们正在努力消除污名化心理问题，但许多人还是不愿意寻求心理治疗。所有寻求专业心理治疗的人，几乎都可以通过提供合格的诊断获得治疗服务，即使这些诊断并不严格，也能获得治疗服务。因此，治疗的成本增加幅度可能不大；当然，我们只有试了才知道。

其次,许多国家认为,向所有需要心理治疗的人提供服务,反而可以节省资金。如本章所述,心理问题会导致经济生产力下降,增加身体健康问题,因此会给社会带来极大损失。为预防和减少心理问题的患病率,采用经济有效的方法,表面上看支出虽然增加了,但是与心理问题给社会带来的巨大经济损失相比,增加的支出就不算什么了。心理问题得到了治愈,人们就能重返工作岗位;戒了酒就能降低患上肝病的概率;注意力集中了,情绪稳定,人们遭遇严重工伤的概率就会降低。

最后,即使提供心理治疗会增加经济成本,但是,将税收资金用于减少心理问题,帮助那些需要帮助的人,这是公共资金最合理的一种使用方式。

身心一元论

为了避免误解,我有必要把我对医学模型的批评交代清楚。在此,我绝对不是说,我们的行为不会伴随大脑的变化而变化。这两者当然是相伴相随的关系,这一点毋庸置疑。然而,我所说的行为的个体差异伴随着大脑的个体差异,并不代表适应不良性行为就是大脑疾病的结果。几乎所有科研专家都坚持身心一元论的观点,认为大脑功能和行为功能是不可分割的,只是使用了不同科学分析法罢了。构成心理问题的行为个体差异必然与神经系统的个体差异有相似之处，反之亦然。这就是为什么能够改变神经系统功能的药物有时也能改善心理问题。事实上，就大部分心理问题而言，医生的药物治疗是主要的治疗方案。

还有一些案例也能说明大脑和行为之间的关系是不可分割的。一种用于治疗丙型肝炎的药物治疗法（现在已经不再使用）需要使用一种免疫系统调节剂，即干扰素，这种干扰素能够杀死病原体，但同时也会导致大脑发生明显变化。大脑发生这些变化时，患者的抑郁症状明显恶化，所以现在基本不再使用这种疗法，以副作用较少的疗法替代。

因此，大脑的变化会引起情绪的变化；同样，情绪的变化也会引起大脑的变化。从行为层面减少心理问题的心理干预必然会改变大脑的结构和功能。你之所以能记住这本书中的话，是因为读这本书的行为改变了你的大脑！大脑和行为的变化总是相伴相随的关系。

然而，我虽然在此认可——应该是强调——大脑和行为的一元论这种观点，并不能说明DSM心理问题医学模型中使用带有污名化的"精神疾病"一词是正确的。将心理问题看作"精神障碍"或"精神疾病"，是对心理问题的污名化，也会给经历过心理问题的人的生活带来更多痛苦。50多年前，班杜拉说过：

许多存在心理问题的人，本可以通过心理治疗大受裨益，但是由于害怕被冠上精神错乱的污名，从而拒绝寻求帮助。

可以说，许多当代心理学家和精神疾病专家并不完全赞同对心理问题医学模型的批评。相反，他们认为医学模型才是对抗心理问题污名化的有效方式。他们认为，如果把一个对酒精或止痛药产生依赖症的人视为患有精神疾病或脑部疾病，可以减少对他的污名化行为。虽然我能理解并尊重他们的观点，但我认为，如果我们能够以一种全新的方式看待心理问题，即人与人之间本就各不相同，这样就能极大地减少对心理问题的污名化情况。有时我们行为上的个体差异与环境的适应能力很强，而有时却会格格不入。有时，这些差异会给我们带来痛苦，影响我们的生活，以至于我们需要帮助，进而出现心理问题。

有充分数据表明，将心理问题归因于生物功能障碍，会使心理问题的污名化程度更严重。心理学家尼克·哈斯拉姆和厄伦德·科瓦莱通过研究对该问题发表了评论。他们在研究中审读了精神卫生专业人员对假设群体的各种心理问题的描述。有时，这些专业人员将心理问题归因于生物功能障碍，例如大脑中缺乏神经递质，有时则不然。通过诸多研究，哈斯拉姆和科瓦莱发现，将心理问题归因于大脑功能障碍，对心理问题的污名化可谓有利有弊。这样，虽然人们对自己的心理问题产生的窘迫感减少了，却增强了心理问题的污名化，因为这样人们就会认为有心理问题的人很危险、情绪反复无常、不易康复，所以会对他们敬而远之。我们需要避开的是对心理问题的污名化，而不是有心理问题的人。

诚然，本书中所定义的"心理问题"也并非无可指摘，只要有

"问题"二字，就会引起痛苦，造成伤害。但是只要能够谨慎使用这个术语，就可以避免疾病和精神错乱这些词所包含的医学模型内涵。最重要的是，我们不需要认为自己的大脑或精神有问题，才决定寻求心理治疗。就像打网球时，你因为发球问题而向职业网球运动员请教，这并不代表你认为自己脑子有问题。既然如此，为什么不能以同样务实和不存污名的方式，为我们的情绪、认知或行为方面的问题寻求帮助呢？

艾伦·弗朗西斯《拯救正常人》

医学博士艾伦·弗朗西斯写了一本书，名为《拯救正常人》，作者思路清晰，极具说服力，对DSM-5进行了抨击。弗朗西斯对DSM-5的批评并非首例——斯蒂芬·欣肖等人此前就曾发表过类似的观点——但弗朗西斯是唯一有资格评论最新版DSM的人，因为他不仅是学术界著名的精神疾病专家，还主持了美国精神病学协会DSM-4工作组的工作。不过需要一提的是，他的批评针对的是DSM-5，而不是心理问题的医学模型。在我看来，弗朗西斯对DSM的批评是善意的，他是一个善良、正派、受人尊重的人，但是我认为他对DSM-5的批评有些矫枉过正。

最新的流行病学研究就心理问题（符合DSM诊断标准）是否普遍符合DSM诊断标准得出的最新数据，我和弗朗西斯都对此进行了分析，只是我们从中获得的信息截然相反。弗朗西斯根据数据发现，大部分参与调研的人都提到过在他们生命中的某个时段出现过心理问题，这让他感到不安。他甚至因此怀疑数据的真实性，在我看来，他的怀疑没有充分理由。此外，他主要担心的是，DSM每更新一版，就会增加更多诊断内容，有时还会放宽诊断标准，这样符合DSM精神障碍诊断标准的人数就会增加。

弗朗西斯担忧的原因有三。第一，他认为，精神障碍所具有的污名是一个很严重的问题，因此我们需谨慎，不应随意给人们贴上患有精神障碍的标签。这一点我也认同，但弗朗西斯似乎认为这种污名化是不可避免的。第二，弗朗西斯认为就精神障碍的概念而言，现在还没有一个能站得住脚的定义。弗朗西斯说：

> "正常"和"精神障碍"的含义极其模糊，无法对其做出清晰、明确的定义。

弗朗西斯之所以这么说，是因为他是在力图为医学模型中的术语"精神障碍"下定义，而不是对简单且实用的心理问题进行定义。对弗朗西斯而言，存在的问题并不在于有心理问题的人是否决定寻求心理治疗，而是在于"正常人"与"坠入精神疾病深渊的人"之间的区别。弗朗西斯质疑：

> 如果说我们每个人都偶有轻微和短暂精神障碍症状，那这是否意味着我们每个人都有精神病？

他的担心完全源于个人臆想：即世界上假如真的存在精神疾病的深渊，我们都有可能不慎掉入其中。第三，他认为，最新的研究证明心理问题非常普遍，这会造成将人类的普通现象"医学化"，对轻度心理问题过度用药。弗朗西斯之所以会对此感到担忧，只是因为他仍在坚持心理问题的医学模型。如果我们不把心理问题视为医学问题，无需由医生进行治疗，那么就不存在药物治疗是否有用的假设。

心理问题的特殊性

我们应该认识到心理问题是普通现象，这一点非常重要。心理问题是当我们在大脑和行为方面的个体差异与我们的环境发生交互作用时产生的，是极其普通也是很普遍的现象。当然，我们还需要认识到心理问题也存在特殊性，主要表现在两个方面。

第一，心理问题可能是非常严重的问题，会影响我们的生活，对我们造成损害。有些人甚至会因为心理问题选择结束自己的生命。第二，有些心理问题极其特殊，表现出的行为与典型行为完全不同。本书后面几章会谈到，虽然大多数心理问题的特征都相似，如悲伤和注意力不集中；但有一些心理问题，会使人产生奇特的认知和信念，如一些反社会极端分子表现出的残忍虐待行为，以及对自己的孩子蓄意伤害的行为。

对于这类严重和非典型的心理问题，我们必须采取谨慎的态度，因为这些问题引发的行为，很难不让人将其理解为患有精神病。比如，我们从引发精神分裂症导致的心理问题维度进行思考。虽然大多数人不存在任何意义上的精神分裂问题，但通过对普通人群的大规模调研后，有充分证据表明，这些问题在普通人群中是以从轻微到严重的连续维度的方式存在，并不是二元的"有"或"无"。也就是说，有些人在短时间内会出现一种精神分裂症的症状（例如幻觉），而有些人会长期出现DSM中列出的多种精神分裂症的症状，还有一些人的情况介于这两者之间。与DSM所述情况相反，现实中并不存在一部分人表现出多种精神分裂症的症状，而另一些人没有任何症状的情况。

越来越多的证据表明，患精神分裂症程度较为严重的人，其大脑结构从幼年时就开始表现出差异性，随着时间的推移，这种差异性会越发突出。有一种观点认为，我们大脑中有一些无关紧要的神经元，在一个人从童年发育到青春期的过程中，为了达到良好的适应目的会被修剪，这属于正常发育过程。这种修剪的发生速度和广度具有连续性，可能有的人在这种连续性上表现得更极端，因此更有可能出现不同程度的精神分裂症。我们完全有理由将精神分裂症状视为一个维度，与大脑的变化维度相伴相随。

在此，还有一个重要问题值得一提，即对神经元的修剪和精神分裂症行为的最新研究。不断有证据表明，人们在发育过程中神经元修剪的程度越高，出现的精神分裂症状就越严重，这种情况常见于怀孕期间患病的女性所生育的后代之中。怀孕期间母亲的免疫系统被激活的同时，后代大脑中的特殊细胞也得以激活，即小神经胶质细胞。小神经胶质细胞是一种免疫细胞，主要起到保护大脑免受感染的作用，但在神经修剪的过程中，也会破坏不必要的神经元。免疫系统的激活会导致小神经胶质细胞活动频繁，进而导致神经修剪程度升高，造成更严重的精神分裂症状。

因此，这一假设表明，我们有可能可以通过控制母体产前患病情况或调节神经元修剪期间的小神经胶质细胞的活动程度，减轻精神分裂症的程度。这些发现支持了以下观点：即最好从行为的维度视角看待心理问题，行为的维度与大脑的个体差异相伴相随，因此不需要也不应该把心理问题视为精神疾病。

本书中所述用维度的观点看待心理问题，并无反对生物医学研究之意。通过生物医学研究可能会发现大脑、内分泌系统或其他与心理问题相关的人体神经系统中的个体差异，心理问题也有可能通过药物治疗得到缓解。相反，我们应该大力鼓励开展这类研究，加快研究进度。人们不必采用心理问题的医学模型来看待心理问题，只需要接受精神和身体、大脑和行为是相伴相随、密不可分的即可。

第 2 章

心理问题的维度

本书第一章中对为什么应摒弃《精神障碍诊断与统计手册》中的心理问题医学模型提出了一个强有力的理由："精神疾病"的医学模型将心理问题归因于可怕的"精神疾病"，给心理问题冠以污名。本章中又将给出另一个充分的理由：医学模型采用的是二元（有或无）诊断法。根据DSM的诊断标准，"正常心理"和"异常心理"之间存在明显界限。也就是说，一个人要么心理异常（符合DSM诊断标准），要么心理正常（不符合DSM诊断标准），没有灰色地带。但现实中两者之间是存在灰色地带的。

试想一下，在现实生活中使用这种非黑即白的二元诊断法的情况，也就能理解为什么这种方法的问题重重了。当一个人不顾心理问题的污名，下定决心向专业的心理学家或其他专家寻求心理治疗时，专家们通常会先询问客户的生活情况和问题所在。这一过程（可能会进行多次）能让心理问题专家掌握客户的心理问题，以便对症下药。如果客户的诊疗费用需要报销，那么心理专家需要收集足够信息，为客户提供精神障碍的"诊断书"。当然，这并不一定意味着心理专家采用的都是第一章所述的心理问题医学模型。无论是否采用，心理专家都必须给"患者"诊断书，保险公司后期才能为其报销心理健康服务费。无论你支持与否，这就是健康保险业务的运作方式。

二元诊断法存在的问题

除了能够保证保险公司报销之外，二元诊断法是否有助于心理专家为客户提供最佳形式的帮助？当然，这是心理专家们的初衷。很久以前，早期的医生，如希波克拉底就已经开始对心理问题进行了分类诊断。他们用二元分类法对人们的心理问题进行分类，这样他们就可以对具有同类问题的人群进行归纳总结。例如，如果对大多数被归为"忧郁症"（抑郁症）的客户采取了"充足休息、规律锻炼和健康饮食"的治疗方案并且效果良好，那么他们就会对下一个被诊断为患上忧郁症的客户使用同样的治疗方案。

这种从成功中汲取经验的方法乍一看确实有道理，但是使用心理问题二元诊断法，本身就存在许多问题。首先，说到"心理问题"一词时，我们需谨慎。对于有心理问题的人，可以说他们在社交场合表现得过于焦虑，所以如果寻求专业人士的帮助，就能得到改观。但是，我们总是习惯于把一个人的行为具体化以及把社交焦虑视为一种**状况**。与细菌感染或断臂之类的具体状况不同，心理问题指的是我们的情绪、动机、行动和思维中的个体差异，将心理问题视为具体状况会助长二元诊断法的滥用。如果社交焦虑是一种状况,那么我们要么有(我们是不正常的),要么没有(我们是正常的)。但如果从个体差异的角度来理解社交焦虑,我们就能够理解社交焦虑具有连续性。

其次,我们很容易忽视的一个问题是,诊断应该诊断的是问题的类别,而不是**人**的类别。例如,我们可以形容一个人的行为方式符合精神分裂症的诊断标准,但是如果说这个人是"精神分裂症患者",意义就大有不同了。不论是对别人还是对自己,这种说法都是不合适的。被诊断为患有精神障碍,并不意味着失去了作为一个人类的身份,也不可能发生质的变化。这一点至关重要,因为比起这样说:"我需要心理治疗,因为我已经开始听到别人听不到的奇怪声音,使我注意力无法集中,影响了我的工作,朋友们也认为我行为古怪。"更让人难以接受的说法是:"我曾经是一个正常人,但现在成了精神分裂症患者。"当然,对我们自己而言,这两种说法都很难以接受,但是,说自己的行为方式需要改变,总比说自己完全变了一个人或成了病人要好一些。这种能够减少心理问题污名化的思维方式,有助于患者更容易获得专业人士的帮助,他们可以利用科学知识减少患有精神分裂症的人反复无常的认知、信念、思维及与他人的关系。此外,这也有助于我们与表现出精神分裂症行为或其他任何类型心理问题的人建立良性关系。

二元诊断法无异于"普洛克路斯忒斯之床"

心理问题不宜采用二元诊断法,还有一个非常重要的原因。分类诊断在很大程度上无异于"普洛克路斯忒斯之床"（Procrustean Beds），即按照同一标准判断。这也就是说，按照分类诊断的方法，只要符合相同诊断标准的人，心理问题的情况都相同或基本相同，这显然是忽视了每个人的特征。普洛克路斯忒斯是希腊神话中的一个强盗贵族。他的家位于雅典和一个重要的宗教圣地之间，常有往来的旅客经过那里。他会给那些有钱的旅客提供住宿。他有两张铁床，一长一短。只要有旅客来住宿，他就会强迫旅客的身高必须完全符合床的长短，因此，个子不够高的就强行将其拉长，个子太高的就用刀把长出来的部分砍掉。分类诊断法无异于"普洛克路斯忒斯之床"，迫使心理专家为了让每个人的问题符合分类诊断，要么夸大事实，要么忽略某些事实。

忽视个性特征

二元诊断法均按照同一标准判断，就会忽视个体的某些重要特征。假设有两人都符合DSM焦虑症的诊断标准，都有焦虑、紧张、易怒、不安的问题，并且连续6个多月睡眠困难，让他们痛苦万分，影响了他们的正常生活。但是其中一个人无论是在学校还是聚会上都会产生社交焦虑，因此会刻意避开社交场合；而另一个人则善于社交，会无节制地滥用酒精。如果简单地认为两个人都患上了广义焦虑症，就忽视了他们的其他问题，与"普洛克路斯忒斯之床"又有何异。也就是说，为了诊断而进行的诊断，会忽略个体各自的需求，无法制定出最佳的治疗方案。虽然我极不希望临床实践中发生这样的情况，但我怀疑事实就是如此。

多性状诊断标准

DSM认为精神障碍应该是多性状的，也就是说诊断的基础是多种常见但不是总是常见的"症状"（即具体的心理问题）共同出现。此外进行诊断时，这些共同出现的"症状"具有同等效力，这会导致即使出现的心理问题具体情况不同，但得到的却是相同的诊断。在此，我以DSM中对"重度抑郁症"的诊断为例，但同样的问题也适用于其他诊断。根据DSM的诊断标准，重度抑郁症有八种症状。一种症状是极度悲伤——DSM中称之为烦躁不安。另一症状是快感缺失：即对以前非常重视和享受的事物或活动失去兴趣或乐趣。根据DSM的诊断标准，如果一个人连续两周以上每天大部分时间都感到了烦躁不安或快感缺失，那么他可能会被诊断为抑郁症。但实际上，如果一个人出现了烦躁不安或快感缺失的症状以外，也一定还会表现出包括这两种症状在内的5种抑郁症状。重度抑郁症的其他症状还有：无价值感、注意力不集中或犹豫不定、产生自杀的想法或倾向以及所谓的生长过程（能量、运动、睡眠、体重和食欲）发生变化。当然，只有当这些心理问题给人造成了痛苦（抑郁症几乎都是如此）或导致某些重要领域（如学校、工作或社会关系）的生活功能受损时，才能被诊断为重度抑郁症。

然而，重度抑郁症的多性状诊断标准也就意味着，表现出与上述症状不同的问题行为也有可能被诊断为重度抑郁症。如果一个人出现烦躁不安，体重下降，无价值感，反复焦虑不安，睡觉困难以及犹豫不决等问题时，就有可能被诊断为患上了重度抑郁症。而如果另一个人，他并不是特别悲伤，但对以前的快乐失去了兴趣（即快感缺失），行动和说话速度缓慢，容易疲劳，睡眠比平时多，体重不断增加，但没有自杀倾向，也有可以被诊断为重度抑郁症。请注意，这两个人都符合重度抑郁症的诊断标准，但两人的症状并不一样。

多性状诊断标准是基于一个假设，即每种症状都是同一潜在问题的指示器，而每个人具体症状的差异无关紧要。这个假设也就是说抑郁症在不同的人身上可以表现出不同的症状。稍后我会在本章中阐述我个人的观点，我认为这一假设并非完全不合理，但是如果使用太过绝对也极其危险。如果按照多性状诊断标准，把每种症状都视为与其他症状等效，这无异于"普洛克路斯忒斯之床"，致使心理专业人士忽视每个人的个体需求。比如说，给每一个符合抑郁症诊断标准的人都使用服用抗抑郁药的治疗方案，就是非常危险的。我们不应该假设，符合同一多性状诊断标准的每一种行为模式都应使用相同的治疗方案。最起码，对于那些有自杀倾向的人所使用的治疗方案，就不应该与没有自杀倾向的人所使用的方案相同。

心理问题的诊断及心理问题本质的变化

使用二元诊断法，会促使我们将心理问题看作固定不变的实体。在植物学中，如果一棵苹果树生长一年后，变成了一棵橘子树，那么人们定会感到惊讶。对事物进行细分，至少应该在同一大类中进行吧！但是，心理问题有时会有所好转，有时持续的时间很长，常常会随着时间的推移而发生改变。例如，据统计，在一项针对普通人群的大型研究中，那些符合重度抑郁症诊断标准的人，3年后患上DSM其他症状的风险非常大。这项研究和其他类似研究反驳了这种越来越站不住脚的观点，即"精神障碍"相互是无关联的、固定不变的实体。就心理问题而言，发生变化是很普遍的现象。当然，这并不是心理学所特有的变异现象。如果一块花岗岩3年后变成了一块石灰石，地质学家可能会感到惊讶。但众所周知，在特定条件下，随着时间的推移，泥有可能变成沉积岩，煤有可能变成钻石。心理学和精神病学只是最近才关注到随着时间的推移心理问题会发生变化的问题，并且开始研究为什么有些变化很常见，而有些变化不那么常见。本书将在第7章详细讨论这一问题。

许多DSM精神疾病诊断都缺乏信度

二元分类诊断法是建立在假设临床实践中的分类过程具有可信度的基础之上。也就是说，优秀的精神疾病医生或心理学家，如果几天中先后对同一客户进行过两次诊断，那么诊断的结果应该是相

同的 。这种信度测试也叫重测信度[①]。值得称道的是，美国精神医学会修订DSM第五版时，一个工作组对美国和加拿大的一些精神疾病机构进行了现场试验，评估最常用DSM分类诊断法的重测信度。数百名临床医生接受了DSM诊断标准的培训，然后对同一个人先后（间隔1-14天）进行两次独立诊断。工作组使用了标准的"科恩的卡帕系数"统计度量进行重测信度的测试，对第一次诊断和第二次诊断之间的一致性进行了量化。有关科恩的卡帕系数详见本书技术附录。

DSM-5的现场试验表明，对于心理问题中的一些重要类型，这些机构的诊断达到了可接受的信度，如精神分裂症、双相情感障碍和创伤后应激障碍；但令人惊讶的是，40%的诊断未达到可接受信度的常规阈值，如对酒精滥用障碍的诊断几乎都没有达到可接受重测信度的阈值。令人担忧的是，对重度抑郁症和广泛焦虑症诊断的重测信度明显不足。然而，在寻求心理治疗的人中，重度抑郁症和广泛焦虑症非常普遍，对这类精神障碍的诊断是诊所临床实践中的家常便饭。如果要使用分类诊断法，必须提高对这些心理问题诊断的信度。

DSM分类诊断法不可靠，这既是好消息，又是坏消息：好消息

[①] 重测信度（test-retest reliability），又称再测信度、稳定性系数，反映测验跨越时间的稳定性和一致性，即应用同一测验方法，对同一组被试者先后两次进行测查，然后计算两次测查所得分数的关系系数。

是，DSM分类诊断法不可靠，这样大部分心理专业人士就不会根据DSM诊断标准进行诊断了！因为如果诊断标准不可靠，当然最好不要用，然而我们也不能因此而感到宽慰，因为这种诊断法就是常用的特殊标准。在现实世界中，心理医生通常根据自己对每种"精神障碍"的理解，根据经验进行诊断。尤其是那些没受过精神病学、精神科社会工作或临床心理学专业学习的心理医生来说，这种现象尤其常见。为什么要提这一点呢？你听了可能会感到惊讶，四分之三的精神病药物都不是由精神疾病医生开的，而是由初级保健医生和妇科医生开的。这些医生都坦言没有接受过充分的诊断标准培训。例如，当我把DSM中对注意力缺陷和多动症这类心理问题的治疗方案拿给儿科医生看时，他们都告诉我，一听到家长们说自己的孩子注意力不集中时，他们都不敢轻易给孩子们开药，因为这超出了他们的专业范围。但是为了满足保险公司的保险要求，即使他们并不确定孩子的问题是否符合多动症诊断标准，也会在孩子们的病历上写上多动症的诊断结果。当然，这只是我个人的经历，可能并不能反映美国所有儿科的现状，但我认为事实与之也相差无几。

最令人担忧的是，进行毫无根据的诊断已经成为社会的一种潮流了。有一次，我听到一个非常著名的儿童精神科专家在一个心理健康倡导团就儿童双相情感障碍发表讲话。让我惊讶的是，他说双相情感障碍很难识别，因为患有双相情感障碍的儿童不会表现出双相情感障碍的症状！相反，他们会表现出多动症的症状并且性情急躁。这也就是说，他提倡将明确存在其他公认心理问题的儿童诊断为双相情感障碍。他出版了一本关于这一主题的书，于是2000年前后被诊断为双相情感障碍的儿童数量增加了四倍，但实际上，这些儿童的症状并不符合DSM关于双相情感障碍的诊断标准。我认为许多儿童因此服用处方药物，而这些药物通常都具有严重的副作用。

以维度法取代二元诊断法

究竟应该用什么方法取代精神障碍的二元诊断法呢？我们应该如何理解和研究心理问题？现在许多心理学家和精神疾病专家提倡用维度的方法而不是分类的方法看待心理问题。这意味着什么？

通过广泛的研究，我们了解到，一些具体的心理问题不仅仅与其他问题相关，而且相互关联。也就是说，有些心理问题往往会共同出现——如果你存在一种心理问题，那么你很有可能还有另一个或多个心理问题。例如，重度抑郁症的症状之间，与其他心理问题的症状（例如，注意缺陷与多动障碍）相比，更具相关性。如果你悲伤过度，那么也有可能出现睡眠困难的问题以及重度抑郁症的症状。这些问题之间可能不是完全相关，但存在实质关联。

因此，我们可以简单地将重度抑郁症理解为，基于患者所存在的相关心理问题的数量和严重程度的维度，而不是如分类诊断法定义的那样，当出现所有"症状"时就是重度抑郁症，没有这些症状时，就没有抑郁症。例如，从症状的数量上说（为了简单起见，在此先忽略问题的严重性），一个人可能会出现3种抑郁症的症状（例如快感缺失、嗜睡和无价值感），而另一个人可能会出现4种问题（例如烦躁不安、睡眠困难、食欲不振和自杀倾向），而第三个人可能没有抑郁症的症状，等等。我们可以量化抑郁的维度，可以给每个人从零开始赋分。其他相关的心理问题也可以用这种方式进行量化。

有些人是一种问题比较严重；有的人是多个维度方面的问题都比较严重；还有的人存在几个不同维度方面的问题，每个维度中都有一两个问题。如果我们使用分类诊断法，就容易忽视人与人之间的异质性以及他们特有的问题，但是如果使用维度法，就能发现这些问题，并对其进行量化。

为什么说心理问题的维度方法比DSM的分类诊断方法更好呢？让我来数一数有多少好处：

1. 维度方法并非基于符合精神障碍诊断标准的人就是"精神病患者"的这一假设。根据二元诊断法，群体中的人，如果符合精神障碍诊断标准，就是"非正常人"，不符合诊断标准的就是"正常人"。根据分类诊断法，一个人如果只报告了四种重度抑郁症的症状，那么他就是完全正常的，离落入"精神疾病"的深渊只有一种症状之差。维度方法中就不存在这样荒谬的观点。抑郁症是一个从轻微到严重的自然连续体，每个人都有可能出现相关问题，每个人都可以随时寻求心理治疗。

2. 使用二元诊断法，可能会导致那些心理问题低于诊断标准阈值的人错失心理治疗的机会。而使用维度法，那些存在烦躁不安、快感缺失、易疲劳、无价值感问题的人，即使不完全符合DSM重度抑郁症标准，也有获得心理治疗的机会。如第一章所述，那些存在"阈下"心理问题的人也需要心理治疗，这样存在的问题才能得到改善。公平地说，DSM-5已经开始朝着本书倡导的维度视角发展了。DSM-5的"介绍"部分写道，

> "因此临床工作者可能会遇到此类个体，其症状可能不符合精神障碍的全部诊断标准，但明确需要治疗和护理。"[1]

因此，在临床实践中，有些人的症状虽然不符合任何诊断标准，但也会被诊断为精神障碍。假如一个人两年前就离婚了，但现在仍然感到非常悲伤，同时对未来绝望至极，并且存在睡眠困难的问题。他只表现出了重度抑郁症的三种症状，并没有达到DSM要求的五种，但医生可能仍会对他进行治疗。当然，这样对那个人来说是有好处的，但是如果分类诊断系统的界限如此不清，那么我更倾向于使用维度的方法。

3. 心理问题的维度评级比分类诊断法更可靠。这主要得益于连续统计的优势，而任何类型的二元测量法都不具备这一优势，这是常识。在一项重测信度研究中，如果一个人所报告的问题与第一次

---

[1] 本译文出自张道龙译《精神障碍诊断与统计手册》第五版（第18页），北京大学出版社。——译者注

说的不一样（例如，在第一次采访中，他说自己几乎每天都会感到悲伤，而在第二次采访中却说在过去两周中，其中只有一周会感到悲伤），那么诊断结果就会从有心理问题变为无心理问题。但是，如果利用维度法思考抑郁症，这种微小的变化只是体现了连续抑郁评级中的微小差异。对心理问题进行可信的测量并不难，只有用不合理的二元分类法时，测量才会出现不可信的结果。

4. 心理问题的维度评级比分类诊断法更有效。这什么意思？有一个重要的方法，可以评估心理问题诊断标准的效度，那就是看这个问题与其他相关问题是否具有相关性。例如，如果多动症的诊断是有效的，那么被诊断为多动症的儿童，在课堂上的平均表现应该不如几乎没有此类问题的儿童。二元诊断与生活功能受损之间的相关性为诊断的效度提供了证据。重要的是，如果以这种方式对比心理问题的二元诊断法和维度测量的效度，维度测量的效度相关性要比分类测量法的效度强得多。例如儿童多动症的那个例子，可能是因为分类诊断过程中忽视了那些多动症问题处于"阈下"水平的儿童（即略低于诊断阈值），他们在课堂上和学习中的行为功能也受到了损害。

5. 维度方法不需要进行鉴别诊断。使用DSM诊断方法的心理专家，通常必须做出决定，即每个个体符合哪种诊断标准，而往往这样的决定十分难做。困难在于，所做出的决定往往无法反映出两种问题都存在的情况，而鉴别诊断则不同。相比之下，维度法有助于心理专家考虑到心理问题的各个维度，以全面评估个体存在的所有心理问题。诚然，使用分类法，医生可以给出多个"共病"诊断，但DSM中的规则不允许出现共病的情况。例如，符合广泛焦虑症和重度抑郁症诊断标准的人，不能被诊断出同时患有两种心理问题，只能被诊断为重度抑郁症。"普洛克路斯忒斯之床"原则只是人为地优先做出了抑郁症的诊断，从而消除了做出什么决定的忧虑和紧张。

多年来，儿童和青少年心理学家和精神疾病医生一直使用的是维度测量法，许多人对心理问题的维度评估法颇感满意。然而，对于成年人的心理问题，使用维度测量法的并不多。因此，我倡议，研究成年人心理问题的心理学家和精神疾病医生开启一场轰轰烈烈的变革。对于一直使用DSM诊断法的临床医生来说，把对成年人的心理问题评估从分类诊断法转变到维度评估法，将是一个重大的范式转变。这是一场迫在眉睫的变革，值得我们付出努力。这也是本书的主旨。

治疗与不治疗

即使我们能把心理问题理解为个体差异的连续体，而不是以类别而论的疾病实体，也要做出是否寻求心理治疗的决定。也就是说无论是个人还是心理专业人士，都需要**做出进行治疗或不治疗的决定**。例如，如果一个人总是忧心忡忡，已经达到需要寻求心理帮助的程度，这时就需要做出在这一阶段是否进行心理治疗的决定。如第一章所述，这一决定取决于寻求帮助的个人，但最好能够向心理专业人士进行咨询。

因此，为了使心理专业人士能够对这一决定提出建设性意见，我们就需要对此进行研究，为心理专业人士提供实证指导，帮助个体在心理问题的每个最佳时间段做出是否进行治疗的决定。

为了最终做出治疗与不治疗的决定，必须对心理问题的各个维度进行二分，这就是包括我在内的许多心理学家和精神疾病专家多年来一直对此进行研究的原因，目的就是帮助个体确定心理问题各维度的拐点，如果个体所承受的痛苦和功能受损程度超过了这些拐点，存在的心理问题就不容忽视。我之所以使用了"不容忽视"一词，是因为我们从研究中只能了解到每种问题所造成的平均功能损伤，而实际上每个人的情况都不相同。每个人的心理问题阈值可能与平均阈值不同。而每个人都是独一无二的，平均阈值不一定适用于每个独特的人。本书提倡的维度方法就可以避免这种问题。在心理问题连续发展的各个阶段，只要个体认为有必要，都可以寻求心理治疗。

心理问题的维度

心理问题的维度法取代了二元诊断法，那么这些维度究竟有哪些？在后面的三个章节中，我将使用以下术语描述不同层面心理问题的**主要维度：**

1.具体心理问题：本章中所指的"具体心理问题"，指DSM医学模型中视为症状的问题。例如难以入睡，经常发脾气，或者睡前要对所有门窗是否锁好检查无数次的问题。

2.心理问题的维度：维度是指多个具体心理问题的集合，这些问题彼此高度相关，构成不同维度。在下面的章节中，我将基于有力的实证证据描述心理问题的各个维度，但这些证据中也存在一些不足。现在心理学和精神病学越来越倾向于心理问题的维度观点，显然，并非所有具体心理问题之间的所有相关性都能计算出来！虽然我们已经对许多心理问题之间的相关性进行了深入研究，尤其是儿童和青少年的心理问题，但还有些问题有待于进一步研究。本书第3—5章的内容就可以视为是一个心理学家基于现有证据，对心理问题维度的最佳猜测或假设。为了更具体地理解心理问题维度的概念，我们以"注意力问题"的维度为例。注意力问题的维度是指在我们执行各项任务时，在保持选择性注意和行事有条不紊方面存在的具体问题的数量和严重程度。许多研究表明，保持注意力方面存在9个高度相关的问题，因此可以将其视为注意力问题的维度。根据本书所倡导的心理问题维度法，我们通过对人们存在的每个具体问题的发生频率和严重程度进行评级，创建出一个连续的注意力问题维度量表，例如0=无，1=轻微，2=严重，3=非常严重。由于目前已对这9个具体的注意力问题有相当充分的研究，所以能够直接对注意力问题的维度进行界定，并且有充分的证据支持。在心理学的专业术语中，这9个问题共同出现的频率极高，因此，根据因子分析统计法，这些问题构成了心理问题的"一级"维度。本书技术附录部分对因子分析进行了进一步说明。需要注意的是，如同分类诊断法一样，维度也是多元的，也就是说，每种问题都与注意力问题维度中的其他问题是等效的。我赞同这一说法，但我们仍需谨记，在注意力问题维度方面得分相同的人，表现出的具体问题并不相同。

3.**二级维度**：第3—5章中，我将围绕3个二级维度展开，如图2.1所示，主要有：内化维度、外化维度以及思维/情感维度。二级维度是指**维度之间的关联模式**。例如，反映恐惧、忧虑和抑郁这些维度相互之间的相关性比与其他维度之间的相关性更大。也就是说，如果一个人存在忧虑维度中的一些问题，那么他出现恐惧和抑郁维度中的问题的可能性就高于平均水平。同样，多动症、反社会行为和精神活性物质滥用问题的二级维度也是高度相关。按照惯例，长期以来上述第一组相关问题被称为内化问题，而第二组被称为**外化**问题。这些过时的术语让人想起弗洛伊德的"见诸行动"（acting out）概念，即外化心理冲突与内化心理冲突。虽然支持弗洛伊德这一观点的心理学家和精神疾病专家很少，但这些术语却流传了下来。下面两章中都会出现这些术语，但切记我只是对问题进行描述而已。虽然需要研究的内容还有很多，但反映精神病认知、社交冷漠及相关问题维度之间的相关性似乎可以界定思维和情感问题的二级维度。

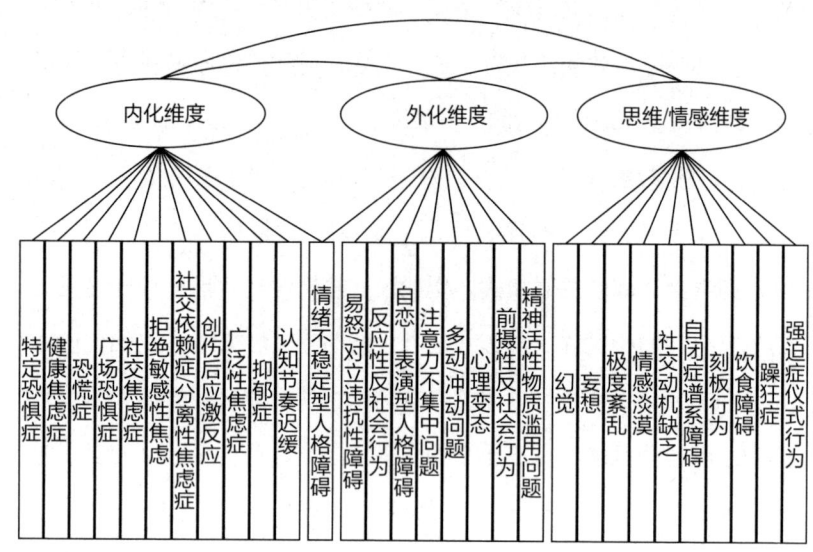

图 2.1　假设的二级心理问题的内化、外化和精神疾病性思想/情感维度

内化维度下属：特定恐惧症、健康焦虑症、恐慌症、广场恐惧症、社交恐惧症、拒绝敏感性焦虑、社交依赖症分离焦虑、创伤后应激反应、广泛性焦虑症、抑郁症、认知节奏迟缓、情绪不稳定型人格障碍

外化维度下属：易怒、反应性对立违抗行为、自恋—表演型人格障碍、注意力不集中问题、多动冲动问题、心理变态、前摄性反社会行为、精神活性物质滥用问题

思维/情感维度下属：幻觉、妄想、极度紊乱、情感淡漠、社交动机缺乏、自闭症谱系障碍、刻板行为、躁狂症、饮食障碍、强迫症仪式行为

需要重申的是，第3—5章所述心理问题的二级维度，以及图2.1中所示的心理问题之间的相关性，都是基于有根据的推测，都是以大量的研究数据为基础，都有相关的实证信息，但仍有进行进一步研究的空间。我认为以这种分级的方式组织接下来三章的内容是合理的，但我们现有知识毕竟有限，仍需要设立一些假设。

特别是有些非常重要的维度，在我们目前对问题维度相关结构的研究中还未有涉足。这并不是说这些心理问题是新发现的，实际上人们已经对这些问题研究了100多年，我只是说心理学家和精神疾病医生最近才改变了他们研究这些问题的方式。这些问题的维度，以前被概念化为"人格障碍"，通常被大多数精神病学和心理学研究人员忽视，因为他们认为这些问题与其他精神障碍有根本区别。这些问题被认为是无法治疗的人格扭曲问题，而不是正常人格"崩溃"导致的"精神疾病"。这种对二者之间的区别毫无根据，因此许多严重心理问题的研究信息并不全面。

因此，在图2.1所示的组织结构图中，由于现有的实证研究有限，因此对过去的人格障碍维度的假设缺乏佐证。无论何时，当总结某个领域的经验知识时，如果现有知识存在空白，有些陈述就只是试探性的。许多心理学家和精神疾病专家大声呼吁，我们应该对心理问题进行更多研究，这样心理问题的本质研究才有真正坚实的实证基础。好消息是，由世界卫生组织出版的《国际疾病分类》第十一版中就用维度法取代了人格障碍的分类诊断。虽然有关心理问题研究还存在很多空白，但我认为这已经是朝着正确的方向迈出了一步。

之所在此对后面章节的内容进行简单介绍，目的是让您了解本书的主旨思想，即心理问题之间存在紧密的相关性，可以用维度方法进行测量，因为这些维度在一定程度上受到相同遗传和环境风险因素的影响，同时在一定程度上又共享相同的大脑机制。当您读到心理问题二级维度中高度相关的维度时，请注意，这些维度也是假设相关，因为这些维度在这个层次上具有共同的诱因和机制。此外，需要一提的是，图2.1中，连接心理问题二级维度的曲线说明，二级维度也基本上相互关联。你或许会对此感到惊讶，但实际上每一种具体心理问题以及问题的每个维度，甚至心理问题的每一个二级维度都与其他问题正相关。这说明，不同维度的问题发生在同一个人身上的情况是十分常见的。如第6章所述，这些假设存在的重要相关性能够反映出，形成心理问题各维度的一些非特异性原因和机制。

再次强调，心理问题的所有维度都是以不同方式相互关联的。图2.1中所列心理问题的维度都**不是相互独立**的，所有心理问题都存在不同程度的正相关。通常情况，一个人不可能只存在一种DSM-5精神障碍的症状，往往是一系列心理问题。有些具体心理问题通常会同时发生，主要是每个维度中高度相关的一系列问题。尽管如此，由于每个维度都在一定程度上与其他维度正相关，我们也有可能同时产生其他维度的问题。例如，几乎没有人会同时出现六个注意力不集中的症状，而不存在其他维度方面的问题。实际上，我们大多人都存在多个维度多个问题**混合**的情况。心理问题的维度法考虑到了相关维度问题混合的情况。相比之下，对于DSM中的分类诊断而言，心理问题的混合出现打破了分类诊断认为的明显的界限。这既是二元诊断法的主要缺点之一，也是应该将其取代的充分理由。大自然本就是变化多端的，不存在清晰的二元分类。心理问题在本质上是多维度的、相关的、混杂的。维度法的一个优点是，能够让我们对心理问题的每个维度进行评级，从而全面评估个体的需求。

维度交叉问题

在详细阐述心理问题的各维度之前,先说明三个重要的问题。

第一,在读到第3—5章时,你会发现有些具体心理问题是**多个维度**中的问题。易怒、快感缺失(快感减退)、注意力难以集中、运动水平变化、睡眠模式变化和喋喋不休是几个不同维度中的问题。虽然对这些问题的研究还有待于进一步深入,但是已经能够揭示心理问题多个维度存在共同之处的特点。

第二,让我们先了解一下社交关系中的复杂问题。根据释义,只有当我们的行为给我们带来了痛苦或影响了我们的生活时,才算构成心理问题。此外,人类属于社会动物,因此影响到我们社交关系的行为,对我们造成了损害,也构成了心理问题。在第3—5章中,你会发现能够影响到人与人之间社交关系的行为,多种多样,各不相同。如,与他人建立社交关系的兴趣减弱;对他人的拒绝感到不安全和太过敏感,以至于影响到相互关系;无缘无故不信任他人和怀疑他人不忠,不怀好意;不切实际地期望得到他人特殊待遇和优待的需求;因为过度执着、依赖、苛求、自私和情感控制而与他人疏远;因为暴力、犯罪或滥用酒精等行为导致他人疏离;严苛的道德标准导致他人不适;过度工作,没时间维系社会关系;以及缺乏互惠社交的基本技能,例如不尊重他人的个人身体边界。因此,社交关系中的问题是由许多不同类型的心理问题引发的。第3—5章中将对心理问题维度进行阐述,你将了解到许多影响社交关系的行为模式。

第三，请勿将我所指的"多个具体心理问题在每个维度相互关联"误解为一个人必须表现出某个行为维度中的所有问题。每个人展现出的问题数量各异。一个人的心理问题是**连续的维度**，从没有问题到极端问题都有可能。每个人会在心理问题的各维度展现出不同程度的问题，反映出他们所经历的具体问题的数量以及给他们带来痛苦并损害其生活功能问题的严重程度。

第 3 章

内化问题的维度

到目前为止，关于心理问题的最佳思维方式，我只用了几个心理问题维度的例子阐明了我的观点。在本章及后面两章中，我将阐述心理问题的主要维度，即那些使人类生活变得复杂、紊乱甚至对人类生活起决定性作用的维度。在阐释这些心理问题的维度之前，有几点需要说明。第一，尽管第3—5章涵盖了心理问题诸多维度，但仍不全面。由于本书篇幅有限，我无法将人类所经历的所有问题在此一一阐述。第二，虽然心理学家们已经就心理问题的维度研究了几十年，但仍存在许多空白，特别是成年人心理问题的维度还有待进一步研究。因此，有时我能拿出可靠的研究数据说明心理问题的维度，但有时只能提出一些尝试性假设，而这些假设还有待验证。第三，尽管《精神障碍诊断与统计手册》中对许多精神障碍的诊断与第3—5章中所述的一些连续体维度不同，但并非总是如此。DSM中的一些分类诊断与心理问题的维度确实存在差异。例如，本章所述的创伤后应激障碍的诊断属于DSM范畴，但却涵盖了心理问题的多个维度。因此，我提出了一种可能性，即DSM的一些分类诊断反映了心理问题的多个维度，混合了多个不同问题。但是这一命题只有在现有基础上对更广泛的心理问题进行研究后才能得到评估，因此目前这只是一个值得思考的问题。

我将在本章阐述心理问题的多个维度，如恐惧、焦虑、抑郁以及其他给人们带来痛苦的问题。当然，这些情绪都是日常生活的一部分，与心理问题的所有维度一样，也是连续体。需要强调的一点是，每个人都可能经历从轻微到极端程度的内化问题，这些问题对我们的健康、社会关系、就业和收入都会产生不同程度的负面影响。

此外，本章所描述的各个维度之间都是相互关联的。这些维度相互重叠，成为内化问题中的二级维度。为了逐步深入探究，我又将内化维度细分为具有重要共同特征的子集。例如，本章第一部分的标题是"恐惧症"和"恐慌症"，之所以将这两个问题归为一组，是基于这两个问题高度相关的数据并假设相互之间存在多方面相似性。在心理问题的维度组织结构方面，由于综合性实证研究中还存在许多空白，因此本文未对子集内容进行详述。

恐惧症和恐慌症

人类不断进化的大脑机制，会让我们对那些威胁到我们生存的事物和情境产生恐惧。然而，在有的情况下，我们对事物或情境的恐惧程度远远超过实际的危险。从这个意义上说，这种恐惧就是"非理性的"。恐惧症也是连续的维度，当达到这一维度的极端点时，这些事物或情境会立即触发恐惧，因此，我们要么避免受到刺激，要么只能痛苦地忍受这种刺激。通常情况下，这些强烈的恐惧反应都会伴随着生理性唤醒，使我们出现出汗、心跳加快或呼吸困难等现象。这样的恐惧有3个不同的维度：特定恐惧症、广场恐惧症和恐慌症。

特定恐惧症

对特定物体或情境感到恐惧的反应，其恐惧程度往往超过实际危险。引起人们产生恐惧的物体或情境的数量、恐惧的程度以及恐惧给人带来的痛苦和对生活功能的影响程度，均因人而异。例如，有的人站在安全的高处，不会感到害怕；有的人会感到稍有不适；而有的人则会极度恐高。恐高的人可能无法从事诸如木工这样需要高空作业的工作；可能会拒绝在高层办公楼工作；可能不敢上高架桥，即使改道绕路，花费更多时间，也在所不惜。其他特定恐惧症，如对医学手术或牙科手术的极度恐惧，恐惧程度过高以至于无法进行疫苗注射或手术，从而造成生命受到威胁。

广场恐惧症

广场恐惧症（Agoraphobic fears）一词来源于希腊语"agora"，意思是指城市中心的公共空间和广场。有这种恐惧症的人，不仅会在广场上感到恐惧，只要他们走出家门或"安全区"就会产生恐惧。不过，如果有伴侣、朋友或其他"安全人物"的陪伴，他们一般就不会产生这类恐惧。广场恐惧症与特定恐惧症不同，特定恐惧症通常不会因为其他人的存在而减轻。一个人如果独自离开家门，可能没走多远就会触发广场恐惧症。广场恐惧症严重的人，可能基本上都只能待在家里，如果没有一个"保护他安全"的伴侣陪着，他可能不会迈出大门一步。有的人只有到了公共和开放的空间，如田野、露天广场或停车场时才会触发广场恐惧症。相反，还有的人会对**封闭的空间**产生恐惧，可能是因为他们认为这样的地方很难获得帮助，所以一旦产生恐惧感就会立即离开。让一些人感到恐惧的封闭空间主要有：隧道、剧院、商店、任何形式的交通工具、人群或排队中的队伍、大桥上或电梯中。广场恐惧症的维度是由触发恐惧的情境数量以及恐惧的频率和强度限定的。

恐慌症

恐慌症通常是指突然产生的通常非常强烈的恐惧感，约10分钟内就能达到最大程度。这种恐慌类似于强烈的恐惧反应，只是恐慌症发生时没有任何征兆，也不存在令人恐惧的物体或情境。恐慌症发作时，个体除了有意识的恐惧感以外，通常还会迅速出现生理性唤醒：心跳加速、胸痛或不适、头晕、出汗、全身颤抖或发抖、呼吸急促或窒息、喘不上气、恶心或腹痛、有麻木或刺痛感，以及一阵冷一阵热的感觉。具有恐慌症的人有时还会产生人格解体和现实感丧失，相关内容详见第5章。恐慌症第一次发作时，人们有时会说他们感觉自己疯了，精神错乱了，或者快要死了。恐慌症通常与广场恐惧症相关联，因为有些人独自一人离开安全区时，害怕触发让他们感到痛苦和尴尬的恐慌症，因而逐渐转变成广场恐惧症。

由于恐慌症的生理症状与心脏病的症状相似，所以恐慌症发作的人通常会第一时间去急诊室，误以为自己是心脏病发作。正因为如此，急诊室的医务人员通常会问一些问题，以确定患者究竟是恐慌症发作还是心脏病发作。恐慌症相对常见，触发原因有可能每次都不一样。普通群体中有2%—5%的人在过去的一年里发生过恐慌症。有些人会反复发作，时间久了，他们甚至会因为不知道什么时候再发作而感到恐慌。

焦虑—悲伤问题

与上述内化问题不同，本部分所述的内化问题的维度不涉及急性恐惧，而是不太具体的广泛性焦虑、紧张、不安和不快，有的持续的时间可能很长，有的也可能会在几天、几周或几个月内时有时无。类似的几个心理问题维度，由于相互关联会被归为一组。这说明，人们可能会经历多个维度中多种具体问题相互组合的情况。

广泛性焦虑症

许多相互关联的具体心理问题构成了心理问题的这一维度。这些问题发生得比人们预期的更频繁、更激烈时，就会给人带来痛苦并造成行为功能受损。人们总是担心，许多事情可能会进展得不顺利,以后也不会有所改善,这就是这个问题维度的主要特征之一。通常情况下,个人很难或不可能自动控制这类忧虑。这类悲观的担忧可能是关于友谊、夫妻关系、工作、财务以及真实的或想象中的危险。这个维度的问题还包括主观的紧张感,产生不适的刺痛感或"针扎"感。人们可能还会产生不安、紧张、神经过敏或容易受惊的情绪。还有肌肉紧张或酸痛,很难或无法放松。还有可能感到焦躁不安、心神不宁、坐立不安、失眠、入睡困难或无法入睡。广泛性焦虑症严重的人,注意力很难集中,总是犹豫不决,有时大脑一片空白。

健康焦虑症

心理问题的这个维度包括不切实际的焦虑,在此具体指对自己身体健康状况的过度担忧。与这个维度相关的焦虑症主要有:在缺乏实际体检的医学证据下,频繁并且夸大对自己身体健康的担忧。他们只要稍微感到些许疼痛,或只要一产生疲惫感,就认为自己的健康出了问题。如果他们得知附近有人可能患有传染性疾病,就一定担心被传染,然后想尽一切办法远离那个人。他们可能过度关注自己的健康问题,大部时间都在为自己的健康状况担心,出现一点症状就要去做检查。他们可能会经常谈论自己的健康问题,而且总是夸大其词;过去,人们冷漠地称他们为"疑病症患者"。有这种焦虑症的人所经历的疼痛或其他身体症状,可能连医生都无法解释。大多数符合DSM精神障碍标准的人通常都会产生疼痛感,这一现象很普遍，也正因为如此，也使得我们对这一维度的认识变得更为复杂。

健康焦虑症程度严重的人，通常会因为焦虑而感到痛苦，此外，他们对健康问题的过度关注会造成他们对家人和朋友的疏远。由于他们经常请假去看病，同时不断地向同事抱怨自己的身体状况，必然会引起同事们的厌烦，因而他们很容易失去工作。此外，更为讽刺的是，健康焦虑症反而会对个人的健康造成伤害。有些过分担心自己健康的人，往往会过度治疗，对身体造成潜在危险。他们可能会找那些愿意给他们开药的医生看病，同时服用不同医生开的各种药。有时，他们甚至会通过反复抱怨自己感受到的疼痛和不适，说服医生给他们做手术，即使没有达到手术的程度，也会强烈要求医生给他们做手术。

抑郁症

抑郁症维度主要是情绪问题和"植物神经"功能方面的问题，如睡眠、饮食和其他维持生命的功能出现问题，通常会给人带来极大痛苦，导致行为功能受损。心理问题的这一维度是DSM诊断重度抑郁症的基础。也就是说，这个维度的具体心理问题往往被视为抑郁症的症状。长时间持续的烦躁不安或极度悲伤是这一维度常见的问题。有些人会出现快感缺失的问题，即对所有愉快的活动兴趣减弱，快乐体验减少，甚至主动减少寻求积极愉快的体验。有些人会对发生在自己或他人身上的坏事，以夸大和不切实际的方式自责。

例如，由于经济萧条，公司倒闭，公司职员因此失业。有些人就会认为，失业完全是因为自己无能导致的，从而不断自责。而有的人还可能出现注意力不集中和选择困难症的情况。有些人会在抑郁症发作之前出现精力不济、全身乏力的症状。他们的运动、思维和语言速度可能会变得迟缓。他们也可能会出现嗜睡的症状，或与之相反的情况——失眠。他们还有可能会出现食欲不振，无缘无故体重减轻，抑或完全相反——食欲增加和体重增加的症状。他们可能会产生绝望感，对未来失去信心。甚至还可能会想到死亡，希望自己死去，甚至计划或试图自杀。这些相互关联的抑郁症问题往往但并不总是伴随着自卑的问题，具体将在本章关于拒绝敏感性焦虑症维度部分详述。

抑郁症问题有可能持续存在，但一般不会太久。相反，抑郁症通常一次持续几周到几个月，如此反复。幸运的是，对于重度抑郁症来说，大多数人一生中只会经历一次。对于普通群体而言，有过一次符合DSM标准的抑郁症经历后，5年内再次发作的可能性约为15%，而10年内再次发作的可能性增加到约25%，20年内增加到约40%。

认知节奏迟缓

这个假设的维度所涉及的问题可能会影响个体在学校和工作中的表现。由于这一维度与抑郁症有着高度的相关性，而且许多具体问题与抑郁症的问题类似，因此最终可能会归入抑郁症维度中。然而，也有研究表明，这应该被视为一个独立的维度。认知节奏迟缓取决于许多具体问题的数量和严重程度：有些存在这类问题的人会出现行动缓慢的现象。他们可能比较冷漠，没有兴趣做任何有意义的事情。白天他们也难以保持警觉或清醒，做事磨磨蹭蹭，拖拖拉拉，工作效率低下。他们喜欢白日做梦，好像周围发生的一切都让他感到困惑。他们说话或工作时，经常心不在焉。他们处理信息的速度很慢，半天都不会回答他人的问题。究竟应该如何理解这些症状，还需要进一步研究。

创伤后应激反应

当人们经历高度紧张的事件时，其情绪、认知和行为都会随之发生变化，这是可以理解的。这些变化可能即时产生，但有时也会等到几周或几个月后才会显现出来。DSM将这类严重的变化称为创伤后应激反应。创伤后应激反应问题主要包括经历性虐待或其他类型的身体虐待、经历真实或威胁性暴力、引发或目睹他人受伤或死亡、在车祸或其他事故中幸免于难以及得知亲戚或亲密朋友遭受创伤后发生的变化。士兵和急救人员特别容易产生这种创伤后应激反应，不过，任何人都有可能经历创伤应激事件。有一些人出现创伤后应激反应后，几个月内就会好转。但如果缺乏专业的心理治疗，创伤后应激反应问题可能会持续数年。

了解创伤后应激反应时，需要注意几个问题。首先，许多因为创伤后应激反应引发的心理问题也可见于没有经历过创伤后应激反应的个体中。也就是说，这些问题有可能在本章心理问题的各个维度中出现。其次，创伤后应激反应除了出现上述问题以外，还可能引发其他维度中的问题。最后，压力事件并不总会引起心理问题，这一点非常重要。切勿认为经历过压力事件的人，一定会经历情绪和认知方面的适应不良变化，因为这样的变化并非总是发生。尽管如此，经历过高压事件的人，产生下面的问题的风险很高。

经历过创伤后应激反应的人，再次经历与创伤相关的情况就会变得高度紧张。他们可能会产生分离性遗忘症（即无法回忆创伤事件的情况，有时甚至无法想起自己的姓名和地址），详见第5章。不幸的是，他们还可能出现令人不安的回忆、噩梦或闪回现象。那些能够触发个人创伤的因素往往会引发情绪、认知或生理性唤醒方面的变化，给人带来痛苦。因此，有创伤后应激反应问题的人，通常会选择主动避免那些可能触发创伤的因素，以防产生这些反应。

压力有可能引发多种心理问题，因而创伤后应激反应必然非常普遍。伴随创伤后应激反应产生的相关问题将在本章及第4章和第5章中的其他维度部分进行讨论。这些反应主要是与抑郁症相关的问题：烦躁不安、快感缺失、对未来的悲观绝望、自我否定、创伤事件后过分自责、注意力难以集中、失眠以及故意自我伤害和自杀行为，此外还有易怒、身体攻击、反社会行为、精神活性物质滥用、无视自身安全、感到被孤立或疏远他人、偏执型疑心病（即认为无人值得信任）等反应。

有些经历过创伤后应激反应的人所出现的问题，可能是个体本身就有的特征而不是由压力引起的心理问题，但是会因为创伤后应激反应或受到压力打击后更加突显。例如，性格易怒的人可能更容易触发创伤性身体攻击的问题。这是一个重要的理论问题，我将在本书后面探讨与环境的"交互作用"时再次强调，但对于那些因为创伤后应激反应出现心理问题的人来说，这一点不影响他们寻求心理帮助的需求。

社交焦虑症与社交依赖症

本部分描述的心理问题有两个维度，都涉及社交中的焦虑问题。一个维度侧重于担心自己被别人拒绝，而另一个维度则侧重于担心没有他人的保护，自己会受到伤害。这些假设的维度涵盖了DSM诊断中的社交焦虑障碍、回避型人格障碍、分离性焦虑障碍和依赖性人格障碍的问题。

拒绝敏感性焦虑

对于他人真实的批评或想象中他人对自己的批评，有些人很容易受到影响——他们对所有反对意见或拒绝行为都表现得十分敏感。由于产生了拒绝敏感性焦虑，他们缺乏自信，不愿意发表不同意见，因为他们害怕被拒绝或被否定。他们缺乏自主性，很容易受到他人的观点和行为的影响。由于他们对他人的不同意见异常敏感，因而不敢在他人面前展示任何技巧，包括公开演讲。同样，他们可能会避免参加有可能被他人评价的社交场合,例如与团队协作。他们可能会对需要与陌生人互动的场合感到焦虑;在不确信别人是否喜欢自己的情况下,他们不愿开始新的社交关系。他们通常喜欢默默无闻,不愿意成为关注的焦点。当他们表现出焦虑的迹象时,例如脸红,可能特别害怕被别人看到,因为他们不想因为焦虑而被他人指责。无疑,极端社交焦虑往往会导致社交关系受损,产生孤独感。在DSM中,这个维度构成了社交焦虑障碍和回避型人格障碍分类诊断的基础,因为这两种障碍非常相似。

社交依赖症和分离性焦虑障碍

这一维度的具体心理问题是DSM中分离焦虑症障碍(尤其是儿童和青少年)和依赖性人格障碍(成人)的诊断症状。请注意,这些问题只能从个体与其信任的依附对象之间的相互关系进行理解。常见的症状是,若是得不到依附对象的保护,就担心自己会受到伤害。社交依赖症和分离焦虑症的维度主要有以下相关问题。有的人不愿自力更生,即使已经成年,仍需要一个依附对象照顾他们,对他们负责。他们可能会竭尽全力迫使自己信任的依附对象照顾他们,如果依附对象威胁要离开,他们就会变得非常沮丧甚至以死相胁。一旦他们与依附对象的关系彻底结束了,他们会立即找一个新的依附对象。有些人如果独自生活,就会感到害怕或不舒服。要是没有依附对象,他们自己很难对任何事做出决策。有些人若是感觉到依附对象要离开或真的离开了,就会产生焦虑。当感觉到要与依附对象分离或真的分离时，常会出现头痛、胃痛、恶心或呕吐等症状。他们担心如果与依附对象分离的话，必会有厄运（例如，迷路、被绑架，或者依附对象生病或发生意外）。有时他们会反复做噩梦，梦见自己与依附对象分离的情景。如果一个人是在童年或青少年时期产生分离焦虑，他可能会不愿意甚至拒绝去上学或去其他必须与依附对象分开的地方。此外，如果没有依附对象的陪伴或在身边，有些人可能会拒绝睡觉。

情绪不稳定型人格障碍

情绪不稳定型人格障碍维度中的问题，与DSM中边缘型人格障碍二元诊断中的一些症状有关联。情绪不稳定型人格障碍与内化和外化维度密切相关。一方面，本章阐述的情绪不稳定型人格障碍的维度主要是内化问题，因为这些问题与焦虑症和抑郁症的问题紧密相关。在符合DSM边缘型人格障碍诊断标准的成年人中，有超过80%的人都会在一生中的某个时候出现符合焦虑症或抑郁症诊断标准的症状。另一方面，情绪不稳定型人格障碍与精神活性物质所致的精神障碍密切相关，而这种障碍通常被视为外化问题的范畴。情绪不稳定型人格障碍问题严重的人往往会表现出精神分裂症问题（详见第5章），这使得情绪不稳定型人格障碍的情况更加复杂。

最初情绪不稳定型人格障碍被认为持续性很强，但现在有证据表明，这一人格障碍实际发生时每个阶段都有波动，通常与抑郁症同时发生。情绪不稳定型人格障碍的问题主要表现在情绪不稳定和反复无常。有些人会频繁出现强烈的愤怒情绪，甚至情绪失控。出现这些问题的人往往自我认知不稳定，身份认同感不坚定，也就是他们连自己是谁，是什么样的都不清楚，而且经常变来变去。有时他们认为自己是一个聪明独立的成功者；但一个小时后，他们又觉得自己是一个软弱愚蠢的失败者，毫无缘由地在两种极端中来回反复。在人际关系中，他们有时会赞美自己的伴侣或朋友，表现出很喜欢他们的样子；而有时又会贬低甚至憎恨他们。有一些存在情绪不稳定型人格障碍的人会产生偏执的想法，总认为有人"要害他们"，或者图谋不轨。他们会无缘无故地怀疑伴侣不忠。有些人经常会感到空虚和无聊。当他们意志消沉时，就会产生自残的冲动，比如割伤或烫伤自己，扬言要自杀，并且真的实施自杀行为，只是一般都不会致命。此外，情绪不稳定型人格障碍往往还会伴随着社交依赖症的问题，如害怕被伴侣或朋友抛弃，以及采取一些疯狂的行为避免被他人抛弃。与其他心理问题相比，情绪不稳定型人格障碍更容易使人最终无家可归。

第 4 章

外化问题的维度

与第3章讨论的内化问题不同,外化问题通常与内在压抑情绪(如焦虑或悲伤)无关。外化问题是指能够影响到我们生活的行为模式,给生活带来困难。外化问题严重的人通常非常痛苦,主要是为自己的行为所带来的**后果**而感到痛苦。这些行为会影响他们在学校、工作和其他环境中的功能;致使他们疏远同事、朋友和家人;并产生严重的社会后果,例如被解雇或监禁。

把心理问题分为内化问题和外化问题的原因在于外化问题往往比内化问题持续时间更长,内化问题一般是间断性发生。这一区别只是相对而言,因为一段时间内外化问题也是时强(时而更糟)时弱(时而好转),有时则会完全消失。

外化问题与其他类型的心理问题不同,部分原因是概念上的区别,更主要的是外化问题之间的相关模式不同。也就是说,外化问题每个维度中的具体问题彼此高度相关,本章所描述的几个外化维度也是彼此高度相关。尽管外化问题维度与内化问题维度及心理问题其他维度相互关联,但是这些相关性要比外化问题维度之间的相关性小。简单来说就是物以类聚其实是基于彼此的相关性(即生物共生的频率）聚合在一起的。

注意力不集中与多动和冲动问题

本章描述的前两个外化维度是《精神障碍诊断与统计手册》分类诊断中注意力不集中和多动障碍的基础。这些问题始于儿童时期，随着身体不断发育而得以改善，但有时也会持续到成年时期。DSM对多动障碍的二元诊断是基于个体至少存在6个注意力不集中的问题（本章将描述9个相关问题），或表现出6个（共9个）多动和冲动问题，或两者兼而有之。这些问题一定是给个体带来巨大痛苦或使其行为功能受损，并且必须至少持续6个月才满足DSM诊断标准，但通常情况下，这些问题持续的时间更久。

注意力不集中问题

注意力不集中维度相关问题主要有：难以对任务相关刺激集中注意力、记不住重要信息以及无法有条不紊地处理生活琐事。每个人都有忘记事情或注意力不集中的时候，这是人之常情。但是，频繁且严重的注意力不集中，就会影响到学习和工作。具体来说，就是有些人在上课时、工作时、讲话或阅读时很难长时间保持注意力集中。无论是工作中还是学习中，别人和他们讲话时，他们无法认真倾听，往往遗漏重要信息。他们经常因为周围无关刺激的影响而分心，或者在想要集中注意力时却因自己的思绪而分心。做事时有些人容易忽视细节，无论在家里、学校或工作中经常因为粗心而犯错。注意力高度不集中的人通常不喜欢那些需要长时间脑力劳动的任务，因此会尽力避免这样的工作。他们的组织能力较弱；做事杂乱无序；经常无法按时完成作业、家务或其他工作。注意力高度不集中的人往往缺乏组织性，不能及时完成工作；生活中丢三落四，不是丢这就是丢那，如书籍、作业、铅笔、工具、钱包、钥匙、眼镜和手机等。日常生活中他们经常健忘，例如忘记做家务、办事、付账单或约会等。

如果中学生存在注意力不集中的问题，就会经常出现半夜赶作业的情况；忘记把作业记录下来，忘记把书带回家；没有完成当晚的作业或者忘记把作业本放进书包里；去学校时忘记带书包，老师让交作业的时候不注意听；到交作业时，又错过了时间。从幼儿园到大学，再到工作，注意力不集中问题都会影响到生活中的方方面面，这样的例子数不胜数。

值得一提的是，对于注意力不集中的人来说，如果任务本身足够有趣或重要时，或者有强烈的动机时，他们也能做到注意力集中，有条不紊。而一旦他们感到所做的事又乏味又无聊时，就会出现注意力不集中的情况。因此，那些在学习和工作中注意力不集中的人，在玩游戏或进行他们喜欢的活动时，就能做到专心致志。所以说，注意力不集中的人也能做到注意力集中，只是在完成学习或工作中那些让他们感到无聊但又重要的任务时，他们才会注意力不集中。但我们不能因此就指责那些注意力不集中的人，在学习和工作中不认真不努力。注意力不集中是一个复杂的过程，涉及认知和动机，注意力不集中的人与其他人相比，只是在自己不感兴趣的事情上难以集中注意力。

多动—冲动问题

注意力高度集中的人经常（但并非总是）存在多动和冲动行为。"**多动—冲动**"维度是指运动活动和冲动行为高出平均水平、影响到任务效果和社交功能的行为问题，导致身体受到伤害的风险较高。多动—冲动问题程度极端的人通常身体活跃，行事冲动。他们好像什么时候都处于"蓄势待发"的状态，就好像"体内安装了一个马达"一样，不知疲倦。儿童时期，他们总是不分场合地跑来跑去、爬高爬低。这种好动状态通常会随着年龄的增长而减弱，但即使到了成年时期，也可能在本应安静的场合表现得坐立不安。多动—冲动问题严重的人通常在学校、工作或其他需要保持安静的场合，很难做到安安稳稳地静心而坐。当他们不得不安静就座时，例如在学校的教室里，就会坐立不安或扭来扭去，常常提前离开座位。特别是儿童时期，无论是玩的时候还是娱乐活动的时候，都无法保持安静。这一问题严重的人常常说话时会滔滔不绝。他们总是在问题还没听完时就抢答，总是不按顺序抢着玩游戏或抢话，更没有耐心排队。他们会经常打断他人或冒犯他人，例如插嘴、做游戏或参加活动时插队。多动—冲动问题严重的人在学校、工作和社交场合都较难相处。随着年龄的增长，他们的多动—冲动问题严重程度将有大幅度减少，但注意力不集中问题依然存在，也就是说，有一些成年人一生都会受到注意力不集中问题的困扰。

多动—冲动问题导致的功能受损

乍一看，注意力不集中和多动—冲动问题似乎是心理问题中的小问题，但实际上，这些问题可能会对生活造成毁灭性的影响。公共健康和心理健康领域的专家花了很长时间才认识到，严重的注意力不集中和多动症问题对儿童、青少年和成年人的影响有多么严重。这可能是因为我们都存在注意力不集中、丢三落四、无聊时坐立不安的情况，是人类行为中常见的小毛病，尤其对儿童而言更加普遍，因此很难引起人们的重视。然而，注意力不集中问题导致的注意力分散和做事缺乏条理性的程度以及多动—冲动问题引发的一系列行为，如果高于平均水平，往往会严重影响生活。

我们之所以难以评测多动—冲动问题能给人造成多大程度的损害，是因为多动—冲动问题常与其他心理问题同时发生。正因为如此，我花费了大量时间分别研究了多动—冲动问题和其他相关问题对儿童行为功能的影响，以确定多动—冲动问题本身可造成的损害程度，以及采取什么样的干预措施能够减少这些问题的发生。我们和许多团队通过研究发现，在对智力和其他共同发生的心理问题进行统计控制后，严重的多动—冲动问题会导致个体与同龄人互动时、在课堂学习时出现严重问题，并且造成意外伤害（包括致命伤害）的风险很高。总体而言，多动—冲动问题很严重的儿童到成年后，在学习和工作过程不容易取得成功。他们有可能过着债台高筑，工作不稳定的生活。此外，存在多动症问题的人，尤其是当他们的经济状况恶化时，更容易患上抑郁症。

当然，并不是每个在儿童期存在多动症问题的人，成年后都会出现上述问题。许多人成年后事业成功，生活得非常快乐。尽管多动症是个体在童年时期和青少年时期行为功能受损的罪魁祸首，但父母也不必过于悲观，在儿童期和青春期只表现出多动症问题的儿童，成年后不一定会出现上述问题。他们成年后残留的多动—冲动症状可能仍然会引发一些问题，可能需要治疗，需要采用药物或其他干预措施，但儿童时期的多动—冲动本身并不一定总是会导致不幸的成年生活。如果儿童时期就出现多动—冲动问题的人，同时还存在对立违抗性障碍（详见下文），那么他们成年后情况会比较糟糕。这些儿童长大后，更容易出现反社会行为，情绪不稳定型人格障碍、抑郁症等问题。

对立违抗性障碍和反社会行为

上述外化问题的几个维度都会致使个体与他人产生对抗，从而造成身体功能受损。存在对立违抗性障碍和反社会行为的人，更容易惹怒、疏远他人，有时还会羞辱甚至伤害他人。对我们大多数人来说，与存有焦虑症或抑郁症的人相比，我们很难同情出现对立违抗性障碍和反社会行为的人。此外，有上述行为的人很容易被视为无情的恶棍。这种观点并非完全没有根据，但我们需要注意的是，即使出现严重对立违抗性障碍和反社会行为的人也依然是人。他们也期待得到爱，也会尽力去爱别人。他们也期望生活成功，但往往他们的行为会给自己带来严重后果，如人际关系恶化、失业、被监禁和无家可归。仍需注意的是，他们的问题与其他心理问题一样，也只是普通行为。当然这并不是说，我们要为他们的行为进行开脱，但我们应该明白，他们也并不愿意自己出现这些外化问题。

虽然我们已经对外化问题研究了多年，但是要做到完全理解，还需要花时间深入研究。目前关键问题在于，通过实证研究的外化维度无法充分映射DSM二元分类诊断。之所以会出现这种情况，是因为DSM是将本章所描述的多个维度混合在一起进行分类诊断的。例如，本章稍后将会讨论，符合行为障碍诊断标准的儿童和青少年以及符合反社会人格障碍诊断条件的成年人，有的人只表现出了反应性反社会行为，有的人只表现出了一些反社会行为的前兆，有的人两种情况都有。DSM却将这些存在差异的问题混合在一起进行诊断。

对立违抗性障碍

出现对立违抗性障碍的人，从童年到成年往往都存在焦躁易怒的问题，主要表现在容易生气发火、意志消沉、性情暴躁、易被他人激怒。即使是自己犯的错却要怪罪于他人，拒不为自己的错误和不当行为负责。他们遇事喜欢大喊大闹，捶胸顿足——这些行为主要发生在童年时期,但有时成年后也是如此——当他们受到批评、感到沮丧或不如意时,就会大发脾气。存在这些问题的人,即使权威人士提出合理合法且正确的指示,他们也会倔强地公然对抗和反对。如果一个孩子存在对立违抗性障碍,当家长让他把脏衣服捡起来时,他的回答往往是"就不!",充满挑衅。如果家长坚持让他捡,孩子可能会和家长争吵,大发脾气。对立违抗性障碍情况严重的人往往对他人怀有恨意、恶意,居心叵测,尤其当有人让他们感到不满或生气时,表现出的行为更加极端。他们通常报复心强,只要他们感觉到了一点不公,就会睚眦必报。他们经常把自己塑造成受害者的形象,无论是打架斗殴还是口舌之争,他们从不会承认自己的问题。

对立违抗性障碍通常就像一种个人特征一样,长期持久,但易怒性对立行为并非时刻都有,只会因愤怒或其他负面情绪的刺激才会爆发。然而,问题在于这些负面情绪确实经常发生,个体一旦遇到挫折、威胁或其他难以容忍的事就会爆发负面情绪。

一个人如果连续6个月内表现出4种或4种以上此类问题行为,便符合DSM中对立违抗性障碍的诊断标准。30年前,DSM早期版本中就已列明了这一诊断标准。孩子存在不良行为,但又没有达到其他任何精神障碍的标准,心理学家们通常把这样的孩子诊断为患有对立违抗性障碍。当时人们认为对立违抗性障碍不是大问题。然而陆续有研究表明,一些存有对立违抗性障碍的儿童和青少年,最后都将出现符合DSM行为障碍的严重问题。同时,一些存在行为障碍问题的儿童，成年后，就会出现严重的反社会人格障碍问题（详见下文）。

因此，对立违抗性障碍应引起我们的重视，因为这一问题是个体在成年期出现严重违反社会行为的前兆，特别是当这一障碍与多动障碍相关问题同时发生时（通常就是同时发生），后果更为严重。现在可以明确的是，无论是在儿童时期、青春期还是成年期，对立违抗性障碍本身就会导致严重社交功能受损。存在严重对立违抗性障碍问题的儿童和青少年数量并不少，父母和老师们也已经司空见惯，同龄人不愿与他们为伴，也不愿和他们成为朋友，他们甚至时常成为同龄人攻击的目标。

反应性反社会行为

这个维度通常与上述易怒性对立行为同时出现，但又有很大区别，是心理问题中独立的一个维度。反应性攻击是指一个人被他人激怒后，对他人采取身体攻击或非攻击性的行为，如小孩被激怒后，夺走另一个孩子玩具的行为；青少年被激怒后，破坏公物的行为；成年人被激怒后，抢走他人财物的行为。出现严重反应性攻击问题的人，自我情绪控制能力差，也很难控制自己的攻击性行为。未来的研究可能会证明，反应性反社会行为只是一种对立违抗性行为，行为跨度大，涉及从易怒行为到反社会行为之间的所有问题，但目前我们还缺乏足够的证据，无法最终确定。

前摄性反社会行为

反应性反社会行为是个体在愤怒或沮丧时才会发生的一种反社会行为模式,而前摄性反社会行为与之相反。这种行为又被称为主动性反社会行为,当然并非经过认真规划后采取的行动。往往是冲动而为,具有偶然性。前摄性反社会行为与反应性反社会行为的区别主要在于两种行为所涉及的愤怒程度,如在酒吧里,看到一个人与约会对象聊天,气愤之下将那人揍一顿;或者沉着冷静地跟踪在街上看到的某个人回家,然后入室抢劫。当然并不是所有前摄性反社会行为,都像这个例子中那样会对他人造成严重的伤害。一些青少年不喜欢遵守成年人制定的规则,会在情绪激动的时候犯一些相对较小的"身份犯罪"。身份犯罪是指对成年人来说合法但对未成年人来说是不合法的行为,如逃学、夜不归宿和离家出走。

需要注意的是,反应性反社会行为和前摄性反社会行为是正相关的。反应性反社会行为和前摄性反社会行为之间存在差异,有些人只有其中一种行为,但是同一个人同时表现出反应性反社会行为和前摄性反社会行为的情况也很常见。切记,心理问题永远不会单独出现。人们通常会表现出包括反社会行为在内的各种心理问题。

反社会行为与帮派

通过观察反社会帮派成员的行为,就能丰富我们对反社会行为的认知。许多国家的帮派成员都涉及袭击、谋杀以及青少年犯罪行为。为什么会存在帮派？究竟是已经具有反社会行为的年轻人创建了帮派组织，还是帮派组织促使其成员产生反社会行为的？答案是两者都有。加入帮派的年轻人本身就比其他年轻人更加反社会，甚至在他们加入帮派之前，就已经存在一定程度的反社会行为。因此，从这个角度说，加入帮派的也许都是反社会的青年。然而，一旦他们加入帮派后，参与破坏公物和暴力行为的情况就会急剧增加。如果他们离开帮派，这些行为的程度就会再次下降。因此，加入帮派后，受到强大的环境因素影响，就会加剧他们本已严重的反社会行为。

心理变态

在探讨DSM在一定程度上能够映射反应性和前摄性反社会行为的诊断之前，我们先了解一下心理变态的概念。我们最好不要从反社会行为的维度看待这一问题，而是将其作为"人格特征"的一个层面来看待，既可以使一些人形成反社会行为的倾向，同时又能缓和或恶化反社会行为。然而，尽管心理变态特征与反社会行为密切相关，那些反社会行为程度较轻、并未触犯法律的人中，也有心理变态行为，比如高度自私自利的商业行为中，销售明知毫无价值的减肥产品这一行为。

书读至此，请记住，与心理问题的所有维度一样，心理变态特征是连续的，许多人会表现出其中的一个或两个特征，极少数人会表现出所有特征。"心理变态"和"正常心理"之间没有固定界限，只是程度问题。

心理变态的特征多种多样。主要表现为行为处事冷漠无情、自私自利、以自我为中心，对他人的安全和幸福漠不关心，包括自己孩子的健康和安全。心理变态问题严重的人往往都没有责任心。我们大多数人都要工作才能过活，都要支付账单，照顾家人，而心理变态问题严重的人则不然。他们工作时经常缺勤，不会认真履行职责。他们不会按时支付账单，借债也不还。心理变态问题严重的人往往过着寄生的生活，靠他人而活，用他人的钱满足自己的需要。这种寄生生活模式达到极端时，他们就会通过非法方式获得收入。心理变态的人往往喜欢即兴发挥，从不提前做计划，因此，他们会经常想当然地搬家，还没找到新工作之前就辞职。结果导致失业、无家可归后，再寻觅下一个剥削对象。

心理变态严重的人往往都能成功地利用他人，部分原因是他们能够做到沉着稳定，而且专横霸道。他们能够成功地操纵、欺骗或剥削他人，从中获取个人利益。他们中轻者四处行骗，严重者有时会给人造成严重伤害。那些向弱势人群出售劣质屋顶维修材料或利用互联网诈骗受害者毕生积蓄的人，往往都是心理变态严重的人。令人恐惧的是，这些骗子中的一些人可谓是"高功能精神疾病患者"，受过良好的教育，也会做一些积极的事展现自己。他们有的是政府官员，有的是财务顾问，但却利用自己的职位之便，通过贿赂、庞氏骗局和其他欺术骗取巨额资金。具有心理变态特征的女性，从某种程度上说，比男性更容易出现自恋问题（本章稍后探讨）。

心理变态行为极端的人通常都是冷漠无情之人，但这并不是说他们没有任何情感，他们只是缺乏一些重要的情感。他们也会表现出对他人的关心，只不过并不真诚，甚至相当肤浅。他们会冷酷无情地利用他人或伤害他人。心理变态问题严重的人违法或利用他人时，通常很少或根本不会对自己的罪行产生内疚或懊悔之意。面对他人的痛苦或苦难，他们也不会表现出真正的情感。然而，由于反应性和前摄性反社会行为时常同时出现，因此具有多种心理变态特征的人很容易情绪化，如急躁、易怒、充满敌意、出现反应性暴力。

有一些心理变态程度高的人，喜欢追求刺激和冒险，不畏自己的人身安全，极尽享乐。事实上，有一些专家认为，这种无畏感正是心理变态行为的核心特征。畏惧感对人而言至关重要，它不仅能够防止我们从事危险活动，同时能够让我们从经验中学习如何避免给我们带来痛苦和其他不利后果的行为。心理严重变态的人即使受到了惩罚，也不会停止不当行为，因为他们对未来的惩罚没有畏惧感。一个有趣的理论指出，这种无畏感并不是由于恐惧时大脑系统的缺陷所致，而是心理变态的人都会表现出的注意力问题引起的。也就是说，心理高度变态的人之所以无所畏惧，只是因为他们没有充分注意到大多数人感到恐惧的紧急危险信号。这种注意力不集中并非仅指对危险刺激的不注意，也包括本章前面所述的注意力不集中的一般性问题。这一观点与一项研究发现相吻合,即成年后最有可能表现出反社会行为的人,是那些童年时既有注意力缺陷问题又有对立违抗性障碍的人。

心理严重变态的人常常会从事一些非法活动,主要是一些与财产有关的罪行,如盗窃、欺诈,此外具有心理变态特征的人往往也具有攻击性。除了任意骚扰、恐吓和欺凌他人之外,他们有时还有意对他人的身体和情感进行残忍伤害。如本部分开头所述,心理变态特征可被视为反应性和前摄性反社会行为的严重表现。与其他已定罪的罪犯相比,心理变态的个体很早就走上了犯罪的道路,每年犯下的刑事罪行数量更多,情节更严重,并且刚出狱就有可能迅速开始继续犯罪。

与反社会行为相关的DSM分类诊断

DSM中对严重反社会行为的诊断涵盖了具有损害性的反社会行为,适用于不同年龄段的人。展现出至少3种(共15种)前摄性和反应性反社会行为障碍问题的儿童和青少年,在二元诊断中就会被诊断为行为障碍。那些被诊断为具有行为障碍的儿童和青少年中,最常见的反社会行为是欺凌、打架和欺骗他人;但也有更严重的犯罪行为。

一个人如果到15岁时就达到了行为障碍的标准,并且到了成年期表现出至少4种能够对其行为功能造成损害的问题,就会在DSM的二元诊断被诊断为反社会人格障碍。诊断是以反社会行为和心理变态特征为基础。反社会人格障碍的症状之一是漠视法律和社会规范，包括具体的反应性和前摄性反社会行为，如盗窃或抢劫。反社会人格障碍的两个症状是指具体的前摄性或反应性反社会行为（例如，用谎言操纵或欺骗他人，对他人进行身体攻击）。尽管如此，反社会人格障碍的大多数症状并不是反社会行为，而是心理变态特征，如：急躁、不顾自身和他人安全、不负责任、以谎言操控他人牟利或自娱自乐，以及对自己的反社会行为毫无内疚感。此外，心理变态特征明显缓和了反社会行为的严重程度。就这一点来说，是否具有愧疚感尤为重要。在所有符合反社会人格障碍标准的人中，对自己的不当行为表现出很少或没有愧疚感的人，其中有一半很可能存在暴力行为，而另一半表现出愧疚感的人则主要进行的是非暴力财产犯罪。

由于对反社会人格障碍诊断是基于多维度的混合，其症状包括反社会行为和心理变态特征，因此有些人虽然不负责任，过着寄生的生活，但很少犯罪，也符合反社会人格障碍的诊断标准。事实上，只有大约一半符合反社会人格障碍标准的人曾经被指控犯罪。但这并不代表另外一半人的行为就能称得上良好。无论是否犯罪，符合反社会人格障碍标准的人，个人生活和经济状况明显受到影响，如频繁失业、与伴侣感情不和、频繁离婚、无家可归；并且有可能遭受严重意外伤害，导致身体残疾；容易成为他人攻击的对象；容易感染并传播艾滋病和丙型肝炎等传染病。他们的致残率很高，往往因疾病、暴力以及自杀而早亡。

如前所述，只有在童年时期达到了行为障碍标准的成年人，才会被DSM诊断为反社会人格障碍。许多纵向研究记录了儿童和青少年的行为问题以及后来的反社会人格障碍发展过程中的紧密联系。他们这种长期反社会的"职业生涯"对整个社会影响重大，虽然反社会人格障碍问题严重的人只占人口中的一小部分，但这些人所犯的刑事犯罪率却高达50%，占了接受救助总人口的1/4。达到行为障碍标准的人中只有不到一半的人会继续表现出反社会行为并达到反社会行为的标准。不过，那些给他人生活带来痛苦的人，往往自己也同样痛苦。

自恋—表演型人格障碍

这种有损于人际关系的行为维度，在DSM中的"症状"是两种不同的人格障碍，即表演型人格障碍和自恋型人格障碍，但大多数研究表明，这些问题行为可以构成一个独立的维度。在自恋—表演型维度上处于极端位置的人认为，自己理所应当受到各方面的优待。他们需要别人的高度赞赏，希望人人都能遵从他们的意愿，如果别人做不到，他们就会沮丧。他们常常表现出傲慢自大、目中无人，总是以夸张、夸大的方式表达自己的情感和观点，然而往往却含糊不清，以偏概全。他们认为自己才是世上独一无二的，比大多数人都优越。他们只认同身份地位高的人，认为只有这些身份地位特殊的人才能理解他们，但往往又会对这些地位高的人表现出嫉妒。他们认为，只要不喜欢他们的人都是嫉妒他们的人。他们常以肉体或其他诱惑的方式引诱他人与自己交往，但却很难保持成熟的亲密关系。切记，与心理问题的所有维度一样，这一维度也是一个连续体。很少有人会表现出上述所有具体问题，但每个人都会在某种程度上表现出表演—自恋的行为，程度有轻有重。

精神活性物质所致精神障碍

许多精神活性物中的化学物质都会改变我们的情绪、认知、能量和行为，也常常被人们滥用。因为这些物质影响力强大，会改变我们的感觉、思维和行为，所以也会影响我们的适应性行为。此外，使用精神活性物质的人，最终会对这些物质形成依赖或成瘾，这样的案例数不胜数。因此，使用精神活性物质往往会引起极大痛苦，损害机体功能，伤害无辜者，并导致许多人早亡。

当然，这也并不是说使用精神活性物质一定会给人带来不幸。不过，本章着重探讨的是使用这些物质给人们带来的伤害问题。就使用精神活性物质给人们带来的害处方面，有三个实证事实可以说明问题。首先，首次使用任何一种精神活性物质的人，都有一部分人出现了痛苦以及功能受损的情况。第二，使用酒精或其他精神活性物质后，在驾驶、工作和照顾儿童过程中出现事故的风险急剧增加，这些事故通常导致使用者和无辜者致残或死亡。第三，大多数精神活性物质都存在引发猝死和早亡的风险。对普通大众而言，最致命的精神活性药物就是烟草中的尼古丁。每天吸烟的人，其死亡率比不吸烟的人高出三倍；美国每年有多达48万人因吸烟死亡；此外，吸烟者的寿命比不吸烟者的寿命平均短10年。仅看这些数字就已经足以令人震撼，然而，这些数据还忽略了一个可怕的事实，那就是每年死于慢性支气管炎、气管癌和肺癌的吸烟者以及被迫吸二手烟的人就高达数百万。此外，有危害的精神活性物质并非只有尼古丁一种。

精神活性物质滥用与依赖

本书所述**精神活性物质滥用问题**维度主要体现在物质滥用的数量以及物质滥用所造成的痛苦和功能受损的程度。在DSM-5中，新的精神活性物质滥用分类诊断将以前认为是**物质滥用**的症状与前几版DSM中定义的**物质依赖**的症状结合了起来。虽然使用每一种物质造成的后果有巨大差别，但如果人们无视精神活性物质的副作用，持续滥用这些物质，就会影响到他们的家人或朋友、致使学习或工作效率低下，促使犯罪行为增加。精神活性物质依赖的体验也因物质的不同而不同，但都具有让人产生耐受、渴望和戒断症状的共同特征。如果一个人对某种物质产生了耐受性，就需要逐渐增加这种物质的用量才能达到同样的效果。因此这个人就会产生对这种物质强烈的渴望，渴望程度之强，会让他们不再顾及对家庭、朋友和工作的责任。如果停止使用该物质，使用者就会出现不适的戒断症状。对精神活性物质产生依赖的早期阶段，此类物质引起的戒断症状相对较轻，但随着使用者对其依赖性增强，戒断症状的强度也会随之增加。

研究和理解精神活性物质滥用的相关危害性时，需要注意一个重要问题，那就是精神活性物质滥用问题常与其他心理问题共同发生。由于精神活性物质滥问题常与反社会行为和其他外化问题同时发生，因而被归为外化问题。DSM对精神活性物质滥用的诊断常见于有各种外化心理问题的人中，尤其在具有反社会人格障碍的人群中更为常见。此外，精神活性物质滥用问题在那些出现焦虑症、抑郁症和人格障碍的人中也颇为常见。

对某种物质产生依赖的人，会将大量时间花在获取和使用该物质上；同时由于使用这些物质会产生的副作用，从中恢复也需要花费大量时间。于是他们通常会储备一些存货，如果遭到家人反对，就将这些物质藏起来。他们在这些物质上的花费往往会超出他们的承受能力，入不敷出时，依赖精神活性物质的人就会通过犯罪的方式，获取使用这些物质的费用。也有人多次尝试减少或完全停止使用这些精神活性物质，但很难成功。依赖某种精神活性物质的人可能会发现这些物质具有交叉耐受性，也就是说他们还需要大剂量的其他物质才能产生通常的效果。

尼古丁依赖

烟草中的尼古丁是一种极易让人上瘾的物质，经常吸烟的人中有2/3都对其形成了依赖性。相比之下，大约1/4经常饮酒的人会对相应的物质形成了依赖性。随着吸烟者每天吸烟量的增加，对尼古丁的依赖性也会逐渐增强，没有烟吸时，对烟的渴望和戒断症状就更加频繁和强烈。

酒精依赖

就酒精而言，人们不仅会随着依赖性的增加喝得更多，而且可能会形成一种狭隘的饮酒模式，即只对某种特定的酒精形成依赖。只有这种僵化的饮酒模式才能让他们（勉强）维持生活功能，只有饮酒量足够大了才能避免戒断症状。无论是工作日还是节假日、无论是独自一人还是与同伴共饮，都不会影响他们的这种饮酒模式。

第 5 章

情感问题的维度

精神疾病这一术语是指认为几乎所有社会成员都是莫名其妙或不真实的信念和经历。本章所描述的许多问题都涉及精神病性信念、感知体验和其他认知障碍，存在这些问题的人都可以理解为"脱离现实"。此外，这些问题通常还会涉及各种夸张的情绪和非典型能量水平。与现实不符的认知、情绪和能量水平会对我们造成非常严重的伤害。最近的研究明确表明这些问题都是连续的，应以维度的方式看待。许多人所经历的此类问题，程度相对轻微、持续时间较短，从长期来看不会造成损害。但是如果你已经出现了本章所描述的问题，在此建议你最好咨询心理学家或精神病医生，向他们准确地描述你的经历、出现的频率，是否因此感到痛苦，这些问题是否影响了你的生活。精神病医生不会对你的描述过度反应，如果你不想服用抗精神病药物，医生就不会开。另一方面，通过向专业人士咨询，能够帮助你做出是否需要进行心理治疗的决定。

本章所描述的维度并非都涉及精神疾病问题，但最近的研究表明，心理问题的这几个维度与精神疾病的相关程度超过了人们先前的认识。本章所描述的维度如图5.1所示（最右侧）。图5.1与第2章所描述的心理问题层次结构图相同。如果本章描述的问题维度给人带来了痛苦并对生活功能造成损害，就达到了《精神障碍诊断与统计手册》的许多分类诊断标准。这些诊断包括分离性障碍、精神分裂症、双相情感障碍、强迫症和进食障碍症，以前这些诊断通常被认为与精神疾病无关。在接下来的章节中，我提出了一些理解这些问题的重要方法，但相关内容有待进一步深入研究。

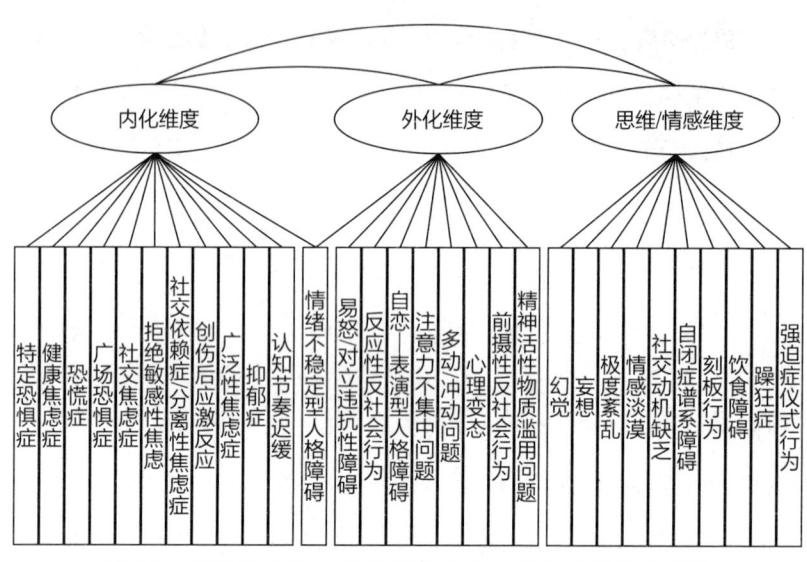

图 5.1　假设的二级心理问题的内化、外化和精神疾病性思想/情感维度

分离性障碍

本部分将阐述分离性障碍的两个维度，即对自己的感知改变和对自己所生活的世界的感知改变，有时两者兼而有之。这些问题可

能会让人感到不安，但通常只有反复发生并且持续存在的情况下才算形成了障碍。虽然这些问题涉及明显脱离现实的情况，但过去并未将其视为真正的精神疾病问题。

人格解体障碍

这一心理问题达到极端程度的人通常都对自己存在不切实际感知。出现这一心理问题的人常感觉头很轻，好像里面塞满了棉花，有时会出现耳鸣或头晕的现象。他们通常情感麻木，没有真情实感。有时感到自己与自己的想法或感受是分离的；有时觉得自己的身体部位被拉长了或缩小了；或者与身体其他部位脱离了。有些人有过所谓的"灵魂出窍"的体验，感觉自己好像从身体中飘了出来，站在一旁，观察自己的一举一动。有些人会产生时间在加速或减缓的错觉，有的人可能回忆不起自己的个人经历。有些情况下，他们感觉自己不是真正的人，而是无法自控的机器人，他们经常会思考自己是否真实存在这一问题。

现实感丧失

这个维度的特点是个体对环境产生了不切实际的感知。有些人觉得好像有一堵玻璃墙或帷幔之类的东西把自己与周围环境隔离开了。他们可能会认为其他人或外在环境都是不真实的、陌生的、假的或扭曲的。他们感知到的周围世界可能是无色无味、模糊不清或死气沉沉的。外面的世界对他们来说要么离他们很近要么很远，听到的声音可能比平时更柔和或更刺耳。

精神疾病问题

本部分描述的问题涵盖了广义的精神病性信念和感知体验,即常被称为"与现实脱节"的信念和感知觉。长期以来一直有证据表明,精神疾病问题也是连续体。在这个连续体的一端,许多人都有非常轻微的精神疾病经历,没有引起痛苦也没有造成损害,只是暂时的,也没有发展成严重问题的迹象。例如,当问到以下问题"你是否见过别人看不到的东西?"和"你是否听到过别人听不到的声音?"瑞典有11%的人、美国有1/3的人对这两个问题的回答都是"是"。对这些问题做出肯定回答的人,有可能是对所问的问题有所误解,但许多研究表明,诸如此类精神病性感知觉的体验在普通人群中比以往人们以为的更为常见。不过,存在这种体验的人中只有很小一部分人的情况会发展成严重问题,达到DSM精神障碍的诊断标准,如精神分裂症等。

当精神病性体验达到极端且反复发生时,大多数人都会因此受到损害,达到DSM中几种分类诊断的标准,如分裂型人格障碍和精神分裂症。由于分裂型人格障碍和精神分裂症代表精神病性体验同一维度的不同程度,因而我在此对二者不做区分。我的这一观点与"分裂型人格障碍的诊断通常是精神分裂症诊断的前驱症状"这一研究观点相一致。这说明分裂型问题出现得更早,而且通常(但肯定并非总是）能够预测后期的精神分裂症诊断。一项对整个丹麦医疗机构就诊记录的研究发现，符合分裂型人格障碍的年轻人中，有16%的人在未来2年内达到了精神分裂症的标准，有33%的人在20年内达到了精神分裂症的标准。

幻觉、妄想和紊乱

我对DSM诊断中许多不同但相关的心理问题维度进行了区分。在此，我描述了几个在DSM中被视为"积极症状"的心理问题维度：分裂型人格障碍、精神分裂症和其他形式的精神疾病。从"有益"的角度来说这些问题显然不是"积极的症状"，但这些症状表明问题确实存在，而不是适应性特征的缺乏（DSM中将这样的问题称为精神疾病的"消极症状"），从这个角度而言，这些症状是积极的。下面我将详细描述这些问题之间的区别。

幻觉

幻觉体验的维度主要是指与现实不符（未得到他人证实）的感官体验，例如听到别人听不到的声音、低语或说话声。产生幻觉的人有时可能还会听到有人命令他们做事的声音，有时可能还会经历其他未得到他人证实的感官体验，如视觉、嗅觉或肤觉方面的体验。

奇怪的信念和妄想

这个问题维度主要是指认为几乎所有社会成员都是奇怪的或不真实的一种信念。因此，我们需要考虑到个体生活的文化或亚文化，因为文化不同，形成的信念也不同。最常见的奇怪信念和妄想主要有：一些人认为自己拥有灵视能力，即具有超感知觉，能够感知事物的能力；或者相信自己拥有读心术的能力。有些人认为别人很容易看透他们的想法，或者感觉有个喇叭正在广播他们的想法，人人都能听到。在这个维度上问题严重的人可能会产生**妄想症**，例如认为有人在他们的大脑中插入了其他思想或删除了他们自己的思想，或认为他们的大脑正被他人控制，如被其他国家的人或外太空某个文明中的人控制。他们还可能持有牵连观念，即认为世界上不相关的事物都与他们直接相关，例如认为有些流行歌曲的歌词就是专门给他们发送的某种信息，或者人们发明手机的目的就是为了给他们发信息。

偏执性妄想症主要表现在疑心重、缺乏对他人的信任，毫无根据地认为他人都想要利用、伤害或欺骗他们患有极端偏执妄想症的人，只要有人出现在他们面前就会浑身不自在，倒不是因为社交焦虑，而是因为他们偏执地怀疑他人会对他们图谋不轨。如果一个人总是时刻担心他人要利用自己；怀疑配偶、老板和同事对自己有各种企图；担心朋友对自己不忠；这些心理都会对他的社交关系产生严重影响。他们不愿意向他人吐露心声，因为他们害怕别人会利用这些信息伤害他们，而且他们常常把他人善意的评论解读为暗含贬低或威胁的信息。他们会毫无理由地认为自己的身份或声誉受到了攻击，于是愤怒地进行无理的反击。他们极度记仇，对他人毫无宽容之心。

躯体妄想障碍显然都是一些不真实的信念，认为自己患有身体疾病或残疾，甚至患有一些稀奇古怪的疾病，如由某种未知宇宙辐射引起的大脑腐烂。**浮夸的信念**是指对自己本人夸大的积极信念，而这些信念在他人眼里都是不真实的。例如极度妄自尊大，认为自己拥有神奇的天赋和力量，认为自己肩负着如拯救国家或世界之类的重任，或者痴心于自己的一些不现实和不可能实现的计划，以取得所谓的巨大成功。这些浮夸的信念可能是宗教上的妄想，例如自认为自己是神圣的救世主，与众神关系独特，或者被魔鬼附身。有些情况下，有些人会产生情爱妄想症，这是一种毫无根据的信念，总认为有人（通常是他们从未谋面的名人）深深爱上了他们。还有极少数人会妄想着自己有多重人格。

思维和言语紊乱

有些人会表现出思维和言语紊乱问题，如果问题达到极端程度，就是DSM中精神分裂症的另一个"积极症状"。个体的思想可能偏离正轨、缺乏条理或杂乱无章。他们的讲话方式和写作方式非常奇怪，也让人难以理解，因为他们的思路模糊不清，缺乏紧密的逻辑联系，写作方式刻板、过度使用隐喻或词句过于复杂。**青春型分裂症**是指一种极端的紊乱行为，其特征主要是情绪变化反复无常，时而心境平和，时而极度兴奋、情绪激动，有时甚至还有极端愚蠢的不良行为，如朝人们泼粪便。有些情况下，有的人会出现**紧张症**，表现出的特征与条理不清和情绪激动完全相反。紧张症的特征是极度缺乏运动能力、沉默不语（缄默症），有时几乎静止不动，明显麻木呆滞。

精神疾病问题的治疗结果

那些精神疾病性行为符合DSM精神分裂症二元诊断标准的人，经过治疗后，其长期结果存在显著差异。一项长达34年的研究跟踪调查了128名被诊断为精神分裂症的人，他们的问题非常严重，达到了需要在精神病院接受住院治疗的程度。研究发现，这些人中有近10%的人完全治愈，并保持多年；另有10%的人问题得到了大幅度改善。尽管如此，还有80%的确诊者经过治疗后仍然存在精神分裂症问题。有一些人的情况较为严重，精神疾病问题持续存在；但大多数人精神疾病发作情况不稳，有时一年内或一年以上都不会发作，然而一旦发作就又会造成功能受损。

精神分裂症问题

当人们明显缺乏人与人之间相互联系的情感和行为时，就会表现出精神分裂症。**社交冷漠和脱离社交**是DSM中精神分裂症人格障碍诊断的核心特征。处于这一维度极端位置的人，对所有社交关系都毫无兴趣。他们没有亲密的朋友，没有性关系，很少与家人互动，几乎完全脱离社交。他们通常或总是选择独来独往。他们对他人总是冷淡无情，对别人给予的赞扬或批评置若罔闻。具有精神分裂症特征的人通常都有言语贫乏的问题。人与人之间的交流程度的确因人而异，但存有严重精神分裂症的人言语极少，即使说话也只有三言两语。有些患有精神分裂症的人还会表现不同程度的**主动性差**的问题，很少主动采取行动，包括个人卫生方面。

情感淡漠和快感缺失是指明显迟钝或淡漠，很少会对喜欢或悲伤的事件产生积极或消极的情绪。出现这些问题的人，即使得知父母去世，可能也不会感到悲伤；当得知将要从远房亲戚那里继承数百万遗产，也不会感到兴奋。他们会严格克制自己的情绪，充其量敷衍了事，不会流露出任何真情实感。存在这类问题的人很容易感到无聊，能够体验到的快乐也很少，并且不会寻求或参与大多数人认为快乐的活动。如第3章所述，快感缺失通常也是抑郁症维度的一个问题。此外，具有严重心理变态和前摄性反社会行为的人，也容易产生无聊感，并且情感淡漠。目前，对于如此多维度的心理问题，如何处理还有待于进一步研究。

虽然分裂症（schizoid）一词与分裂型人格障碍和精神分裂症的词根（schiz-）同源，但分裂症行为与这些问题维度之间存在着复杂的相似性和差异性。请注意，分裂症行为不包括精神病性信念或感知，这些是属于精神分裂症中的问题。存在这些问题的人并非脱离现实，但对社交关系和礼貌习俗毫无兴趣。

下面我将要阐述的内容初见之下可能会有些令人困惑。当分裂症问题与幻觉、妄想、行为和言语紊乱等"积极症状"共同发生时，就成了精神分裂症的"消极症状"。之所以在此将前面所述的对社交缺乏兴趣、快感缺失、情绪淡漠、言语贫乏和主动性缺乏问题称为"消极症状"，是因为这些问题都被视为缺乏适应性的社交和情感行为。例如，情绪淡漠和快感缺失的问题主要是缺乏适应性积极情感和动机造成的，因此属于精神分裂症的"消极症状"。

相比而言，如果分裂症问题是独立发生时，即不存在幻觉、妄想、行为和言语紊乱以及其他精神分裂症"积极症状"的情况下，就被视为DSM分类诊断中分裂型人格障碍的症状。分裂症问题本身并非精神分裂症诊断的前兆。也就是说，即使有严重的分裂症问题，但没有精神分裂症中的奇怪信念和相关问题，就很少会发展成精神分裂症。

躁狂症

心理问题的这一维度，在DSM中是躁狂发作二元诊断的症状。这一问题严重时会与抑郁症在某种程度上交替发作，这两种症状都是广义**双相情感障碍**分类诊断中的症状，但在某些情况下，双相情感障碍的诊断只针对出现严重躁狂行为的人。躁狂被认为是一种情绪问题，但请注意，一个行为躁狂的人，其信念和感知都不真实，足可以用"脱离现实"来形容，并常与他人发生冲突。

躁狂行为是指一个人的日常情绪和行为发生了**显著变化**，通常持续数周或数月，但会不断复发，有时甚至多次复发。通常情况下，躁狂发作后，个体就能恢复典型行为模式，但大多数经历极端躁狂行为发作后，会在两次躁狂行为发作之间的某段时间内出现抑郁症。只有极少数出现严重抑郁症的人会经历躁狂发作，但大多数经历过躁狂发作的人都会经历抑郁症的发作。

躁狂发作时，人的情绪变化情况因人而异。通常的变化是出现一些不切实际的兴奋感，如妄自尊大、情绪高涨、精力充沛。这些看似积极的变化，如果达到极端水平，就会影响生命功能。对于这些人来说，躁狂发作期间的症状与抑郁症发作时的症状相反。抑郁症发作时，他们极度悲伤、无精打采、行动迟缓、快感缺失以及产生不切实际的悲观和绝望。但是，也有一些躁狂问题严重的人，表现出的更多是情绪反复无常，易怒易躁，而不是兴奋。

无论情绪如何变化，躁狂症程度严重的人通常都是精力充沛，心境高涨，热衷于寻求快乐和追求崇高目标。他们的自尊明显达到了不切实际和浮夸的程度。他们比平时更健谈，时常表现出"言语急迫"，好像有什么力量迫使他们不停讲话似的。有些人的思维奔逸，脑海中思如泉涌，但往往更容易分心。极度躁狂的人通常对睡眠时间的需求较少，仅睡几个小时就足够了。他们通常只关注自己，无视家庭义务和其他责任。他们在性生活和性活动方面活跃，不满足于稳定关系，常与伴侣之外的人发生性关系。他们的活动增多，目标性很强，但通常都是不切实际的目标，因而可能造成灾难性的经济后果(例如,无节制的购买狂潮、愚蠢的商业投资,或为了追求不现实的目标而辞职)。

虽然躁狂症主要表现为情绪高涨,但也存在易怒易躁的问题。一旦亲友和他人试图劝说躁狂之人不要做出冒险和不明智的举动时,他们就会暴跳如雷。易怒是躁狂者的常见症状,由于他们的目标和行为总是不切实际,因而会经常遭到他人的反对。

强迫症

强迫性仪式行为

虽然强迫性仪式性行为也存在脱离现实的情况,但是通常没有被视为精神行为。有些人会周期性地产生一些令人反感的想法和感受,通常也是不现实的。这些想法和感受往往会使人产生焦虑、厌恶或其他负面情绪,因此难以忽视或难以抑制。如果他们能够不断重复其僵化或刻板的思想或行为(即强迫行为),其**强迫**的程度就会有所减少或消除。强迫性忧虑和强迫性补救措施在其他人看来往往是荒谬无理的,但只有达到使人感到痛苦或者影响到人们的生活功能时,才可能被视为心理问题。而往往强迫性仪式行为确实会使人感到痛苦并造成损害,因为这些行为会占用个体大量时间,此外,有些思想和行为过于古怪,从而导致他人疏远。

强迫性仪式行为严重的人表现出的具体问题多种多样。有些人会反反复复担心有危险的事情发生，例如总是担心门没锁好，会有人闯进来；总是担心家里的炉子没关火，会引发火灾。于是他们会频繁检查门是否已锁、炉子是否已关火，只有这样做他们的焦虑才会有所缓解——但也只是暂时的。这种强迫性反复检查的行为在普通群体中也很常见，如果不严重也不会对人造成损害，但有可能发展到令人痛苦、耗时费力并影响生活功能的程度。

具有适应不良性强迫症还包括反复认为自己受到污物或细菌的感染，但实际上并没有被感染的实际证据。这些感觉会引发焦虑或厌恶，只有强迫自己进行清洗或清洁后才能得以缓解。强迫性清洗行为非常耗时，而且频繁地清洗也可能导致皮肤受损。有些人会过分在意他们周围的事物不够有序或对称，从而产生非理性焦虑，只有对这些事物进行强制排序或排列后，才能暂时缓解焦虑。有些人会强迫性计算周围事物的数量，认为必须反复数许多遍才不会出错。有些人总感觉有一些禁忌思想反复侵入他们的大脑，因而产生一种强迫性冲动，想要大喊大叫或做出其他不该做的事情。这些冲动通过强迫性祈祷或宗教仪式可以得到控制。

强迫症行为习惯上被认为是内化问题，因为当人们试图拒绝强迫行为或未采取强迫补救措施时，往往会产生焦虑；但是最新证据表明，强迫性仪式行为可能与思维和情感问题有更密切的关系。由于缺乏充分的研究，该问题尚未形成最终定论。

强迫性刻板行为与完美主义

我在此所述的刻板行为，传统上被认为是强迫症和自闭症谱系障碍这两种二元诊断的症状，还可能是后面我将要谈到的厌食性饮食障碍中的症状。刻板行为和完美主义虽然不会总是给人们带来问题，但通常会引发各种问题，损害程度有轻有重。

强迫性刻板行为是一种行为模式，如果适度并无大碍，但如果过于僵化和极端，就会给人带来问题。这个维度的一个主要特征是，个体对所从事的活动和任务普遍采取僵化和刻板的态度，如死板地遵循规则、细节和组织结构，导致活动未能达到目的。在这个维度上较为极端的人，其道德标准往往又高又严格，在工作中通常兢兢业业，但有时对自己和他人行为的期望过于苛刻和完美，从而影响了人际关系，也影响了任务的顺利完成。有些具有强迫性刻板行为的人喜欢囤积钱财，锱铢必较，给自己和他人的生活带来痛苦。

自闭症谱系障碍

自闭症谱系障碍主要是指在社交互动中存在困难，但我会首先描述自闭症谱系障碍中的刻板和反复问题，以强调其与强迫性刻板问题的相似性。

自闭症谱系障碍的刻板和反复行为

这部分所描述的行为如果严重到引起痛苦或影响到社会关系和其他适应性功能时，就构成了自闭症谱系障碍分类诊断中的症状。有些人经常出现反复性和刻板的运动行为，例如摇晃身体、旋转物体或其他刻板的运动行为。他们还会不断重复其他仪式化行为，例如刻板的问候。他们可能会死板地重复别人对他们说过的话，而不是用自己的语言表达，即言语模仿症；他们可能会重复使用一些特殊的短语。在这个维度上达到极端程度的人可能会固执地坚持"一致性"，哪怕日常生活或环境中的一些微小变化都会让他们感到痛苦。他们会每天坚持吃相同的食物；每次走路时都要走完全相同的路线；很难适应活动或情况的转变。他们的兴趣通常比较狭窄，如对地铁时刻表的迷恋，而且他们的这类兴趣既浓厚又持久。感知觉方面的非典型反应对于存有其他自闭症问题的人来说也很普遍，包括过多地嗅或触摸某些物体，对灯光或运动产生迷恋，对某些声音或纹理产生非典型负面反应（大多数人对这类声音或纹理不会产生厌恶），但有时会对疼痛或极端温度表现出明显的不敏感。

自闭症谱系障碍引起的社会问题

自闭症的主要问题表现在刻板行为上，而自闭症谱系障碍却涵盖了社交中由轻到重各种程度的困难。自闭症谱系障碍始于幼儿期，但并非所有从小就有社会关系问题的人都存在自闭症谱系障碍的问题。第2章中谈到过，导致社会关系出现问题的原因很多。自闭症谱系障碍存在于各种智力水平的人群中，但存有严重自闭症类问题的人，其智力得分远低于平均水平。因此，只有当问题比较特殊且给人们的生活功能造成损害的情况下，才适用自闭症谱系障碍这一术语，而不是智力水平比预期的智力水平低就是自闭症谱系障碍。

与有些表现出精神分裂症行为的人一样，有些存有自闭症问题的人也喜欢独处，对社交关系不感兴趣。而有的人想要社交友谊，但自己的行为方式又会影响到社交关系。这类社会行为问题主要表现在刻板地以自我利益为中心，对他人要求过多，很难与他人分享利益。在这一维度上较为极端的人，往往缺乏典型对等的言语交际能力，并且在解读他人的非言语行为方面存在很大问题。他们自己的非言语行为通常也是非典型的，例如缺少与他们适当的眼神交流，侵犯他人的私人空间，当别人叫他们的名字时不做回应。有些存有自闭症谱系障碍的人，不注重与他们身体接触的适当程度，从而引起他人的反感。此外，他们有时会在社交活动中，不合时宜地微笑或大笑。

厌食性和贪食性饮食障碍

这一维度涵盖了各种危险的饮食模式，通常会导致营养不良，甚至危及生命。与本章谈论的其他心理问题维度一样，这一维度问题的特点有：行为高度刻板，感知扭曲，但仅限于饮食和体象方面。

厌食性饮食障碍

厌食问题比任何心理问题引发的死亡率都要高。这种障碍不仅会引起消瘦和营养不良；还有可能引发心脏病发作或多器官衰竭，并增加了个体自杀的风险。存在厌食性饮食障碍的人即使自身体重正常，甚至严重偏轻，仍会认为自己超重。这些对自身体重扭曲的感知（又称为**体象障碍**），虽然算不上幻觉，但确实反映了对现实的明显扭曲。通常，认为自己超重的错误认识会使人产生巨大压力并难以忍受，只能通过过度节食进行缓解。他们会严格遵守这种饮食不足的模式，最终导致热量摄入严重不足。有这些问题的人会频繁测量体重，严格监控体重，避免其增加。很多时候，存在厌食问题的人通常会对家人和室友隐瞒自己的饮食情况，从而避免来自他人的评判与施加的压力。有时，他们还会通过过度锻炼、使用泻药、饭后自我催吐控制体重。

贪食症和暴饮暴食问题

贪食症是指频繁发作的暴饮暴食行为，通常在已经饱腹的情况下还会吃下大量食物。存在贪食症问题的人通常无力控制自己暴饮暴食的行为，于是只能通过催吐、使用泻药或利尿剂的方式进行补救，也可能采取禁食和过度运动的方式消除摄入的大量卡路里。然而，反复催吐不仅会损害喉咙和牙齿，还有可能导致人体脱水和电解质失衡，从而引发心脏病或中风。**暴饮暴食**是指饱腹后经常不受控制地进食，但随后不会采取催吐、过度运动或禁食的行为。虽然暴饮暴食不是导致肥胖的常见原因，但不难想象，暴饮暴食容易导致超重或肥胖问题。

转换性躯体障碍

有些人存在躯体（身体）障碍，但这方面目前没有已知的医学依据。躯体障碍与神经系统疾病的症状存在很大程度的相似性，但又不符合任何确认的神经系统疾病。心理问题的这一维度表现出的主要问题有：肌肉无力、瘫痪、颤抖、吞咽困难、言语困难、痉挛、麻木（缺乏感知觉）、突然失明或其他感觉丧失。存在转换性躯体障碍问题的人往往会表现出神经功能不全的征兆。例如，存在转换性躯体障碍的人，如果是腿部瘫痪，睡觉时腿部可以活动，但如果是由于神经损伤导致瘫痪，就不会出现这种情况。同样，存在转换性躯体障碍的人，如果手部麻木，但相应神经通路的其他区域可能不存在麻木的情况。有的人为了请假或个人利益而故意装病，使用"转换性躯体障碍"这样的术语谎报个人健康状况，这样的情况也是有可能的。因为转换性问题并非医学问题，所以通常被认为其根源是"心理问题"，但这一理论一直未得到证实。我们需要注意的是，没有发现这些问题的已知医学原因并不代表这些问题就不是医学问题。医学诊断并非精确科学,未来的医学研究可能会从不同的角度看待这些问题。我把转换性躯体障碍放在最后描述,有一部分原因是这些问题的相关研究不足,因此与其他心理问题有何关联仍不得而知。

第 6 章

心理问题的层级性质

维度分析更易于厘清心理问题的重点，揭露其本质。本人一贯认为，使用维度方法研究心理问题时，心理问题的所有维度彼此之间明显都是正相关的。也就是说，如果在某一心理问题维度得分较高，那么在其他维度表现出高分的可能性也较大。为什么这一点很重要？因为，尽管心理问题的每个维度都有其自身的特点，但这些维度之间的相关性说明它们之间存在某些共性。

本书的核心观点之一就是心理问题维度之间的相关性普遍存在，但它们的相关程度并不相同。此处是指某些心理问题维度之间的相关程度会高于其他维度。这一点极为重要，因为这些不同程度的心理相关性模式能够反映出心理问题的关联层级，而这些关联层次则有助于发现各类心理问题所共有的致病原因和机制，找到预防和减少心理问题的最佳途径。

请允许我用一个简单的类比来解释我对关联层次的理解。假如你面前有一张餐桌，桌上摆着45个可食用的水果，每一个水果上都有名签。乍一看，这些水果显得杂乱无章，其中还夹杂着一些你从未见过的品类。出于好奇以及科学严谨的态度，你会仔细观察这些水果的表皮、闻闻它们的气味，甚至还会切开几个尝尝果肉，看看里面的种子。然后，你打算整理一下桌上的水果，以便进一步认识这些水果。首先，你会发现名签上标有红蛇果、罗马果、嘎啦果、富士果以及澳洲青苹果字样的这5种水果具有很多共同特征。虽然它们也有不同之处，但可以根据表皮、种子、味道和香气的相似性将它们归为一类。显然，你会把这类水果称为苹果。同样，你还可以把其他5种水果归入橙橘类（名签上标着瓦伦西亚橙、塞维尔橙、蜜橘、脐橙和血橙），以及另外5种水果归入梨类（安茹梨、亚洲梨、巴梨、波士克梨和香梨），然后再把葡萄柚、榅桲、李子、杏和桃子进行类似分门别类地归纳。这样就可以根据水果的相似性把45个水果分成9大类，这样桌面上的水果看上去就不再那么杂乱了。

然后你会发现，苹果与梨、榅桲又有一些共同特征。尽管它们各不相同，但都具有皮薄肉厚、味道甜美的特征。你发现进一步的高低层级分类有助于整理这些水果，因此会把苹果、梨、榅桲归入同一个二级类别（植物学家将其称为榅桲属），不仅因为它们彼此之间存在相似性，还因为它们与其他水果之间存在相似的差异性。相应地，你还会把橘子、青柠以及葡萄柚归为一类，因为它们都有粗糙的皮质以及相互分离的果肉，并将这一类水果称为柑橘属；还会把李子、杏子和桃子分为一类（植物学家称为李属类），因为这些是桌上为数不多异于其他多籽水果的单核水果。至此，你已经将这45个水果整理成了图6.1所示的层级结构，图中所有这些水果可以被归入9个一级类别，而这9个一级类别又可以归纳为3个二级类别，最终所有这些水果都可归为一类，**即可食用水果**。

至此，你就为这45个独立元素创建出了一个条理清晰的层级结构，自下而上有9个一级分类，3个二级类别，最后汇成可食用水果大类，这样就可以对桌上的水果一目了然。你会对自己的成就会心一笑，顿时胃口大开，恨不得把桌上的这45种水果全都吃了。

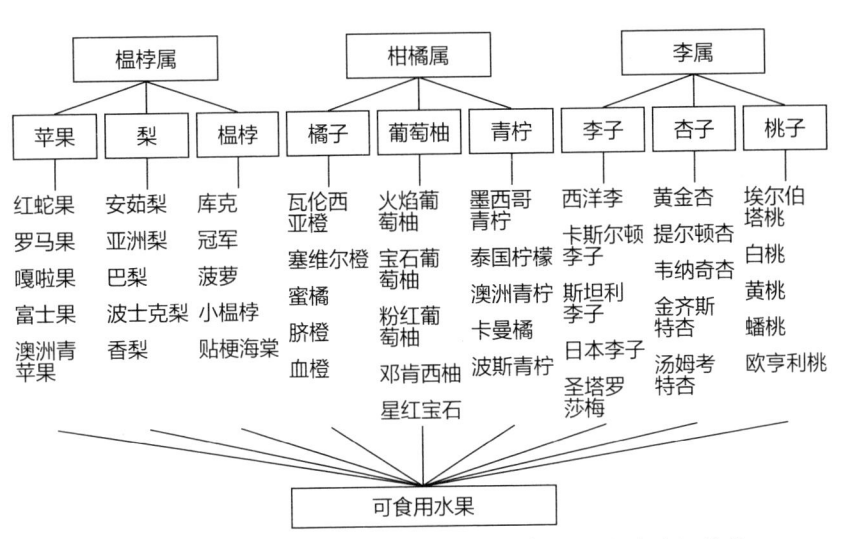

```
        苹果属              柑橘属              李属
   ┌─────┼─────┐      ┌─────┼─────┐      ┌─────┼─────┐
  苹果   梨  榲桲    橘子 葡萄柚 青柠   李子  杏子  桃子

 红蛇果 安茹梨 库克  瓦伦西 火焰葡 墨西哥 西洋李 黄金杏 埃尔伯
 罗马果 亚洲梨 冠军  亚橙   萄柚   青柠   卡斯尔 提尔顿杏 塔桃
 嘎啦果 巴梨  菠萝  塞维尔橙 宝石葡 泰国柠檬 顿李子 韦纳奇杏 白桃
 富士果 波士克梨 小榲桲 蜜橘   萄柚   澳洲青柠 斯坦利 金齐斯 黄桃
 澳洲青 香梨  贴梗海棠 脐橙  粉红葡  卡曼橘  李子  特杏   蟠桃
 苹果              血橙   萄柚   波斯青柠 日本李子 汤姆考 欧亨利桃
                        邓肯西柚        圣塔罗  特杏
                        星红宝石        莎梅
                  
                      可食用水果
```

图 6.1 用以说明层级分类法概念的可食用水果的层级结构

为什么要了解这一分类过程？因为我们现在同样要以相似性为基础自下而上地创建一个关于心理问题的分类层级结构。和水果的层级结构一样，对心理问题进行分类，有助于减少表象中的复杂性，帮助我们更有效地理解心理问题。两者之间最大的区别在于心理问题的层级是建立在心理问题的实证观察的基础之上的。

心理问题的层级

心理问题的一级和二级维度

大量针对儿童和青少年的研究，以及越来越多的针对成年人的相关研究都对一系列具体心理问题进行过测量。这些研究发现所有心理问题之间都是相互关联的，只是关联程度不同而已。例如，抑郁症的具体问题，如悲伤、快感缺失、无价值感等，彼此之间都是高度相关，也就意味着这些心理问题通常（并非绝对）会共同发生在同一个人身上。因此，通过统计这些心理问题的数量（或对每个心理问题出现的频率及严重程度进行评级），就可以对抑郁症的维度进行**定量测量**。许多相关研究发现，心理问题的其他维度之间也高度相关。

因此，在心理问题层级的最底层，如果各类具体问题充分相关——则说明，它们满足共现条件，因此可以将其看作属于同一维度。这就等同于将嘎啦果、澳洲青苹果及其他与此类水果归为苹果类一样。至关重要的是，研究表明，心理问题的所有维度之间在不同程度上存在相关性。例如，与其他维度相比，抑郁症、恐惧症和焦虑症这三个维度之间的相关性更高。因此，人们同时表现出抑郁症、恐惧症和焦虑症三个维度的问题的现象也很普遍。关键问题在于，这与DSM中的内容不符，因为其中罗列的各个严重心理问题仅会对应单一精神障碍的症状。然而，现实并非如此，心理问题并不可能像DSM中的所列的二元诊断标准只会出现单一症状。心理问题并非泾渭分明。DSM只关注单一诊断的症状，这种削足适履的做法，掩盖了这一重要的事实。

同样，通常被认为是注意力缺陷和多动症、行为障碍、对立违抗性障碍以及物质使用障碍"症状"的心理问题维度相互之间也都高度相关，因此可以将这些问题界定为不同的二级外化维度。需要强调的是，具体心理问题的关联方式可以用于界定维度，维度间的关联方式则可界定心理问题的二级维度。

心理问题的二级关联维度

自20世纪60年代以来，对上述心理问题关联模式的研究层出不穷。显然，本书的研究内容虽然是个老生常谈的话题，但仍然方兴未艾，所以说本书的观点具有"变革性"。自20世纪60年代以来的大多数研究中，心理学家和精神病学家都忽略了精神病理问题之间明显且重要的相关性：二级内化及外化维度之间同样也存在正相关性。近期开展的大量针对普通人群中儿童和青少年的研究证实，每个内化心理问题维度都与另一个外化维度呈正相关，尽管程度不同，但都高于偶然概率。所有心理问题维度彼此之间都有一定的关联，但这一事实却同《精神障碍诊断与统计手册》所秉持的理念背道而驰，该手册认为精神障碍各不相同，且各自独立，因而完全忽略了相互的相关性！我同意众多相关研究人员的观点，即各类心理问题广泛相关是心理问题本质，也是最重要、隐含最多信息的核心问题。我将在下文解释其中的原因。

心理问题的一般因素

同样，可以通过假设的方式研究心理问题所有维度之间的相关性：即心理问题的所有维度都能不同程度地反映出了某种心理问题的**共同性**。这一极具创新性的观点与《精神障碍诊断与统计手册》的宗旨截然不同，为了更好地理解这一观点，我们需要再次回顾历史。

1904年，查尔斯·斯皮尔曼提出的观点为研究心理问题提供了一种实用的方法。斯皮尔曼在研究智力时发现，智力的许多方面（如短期记忆、类比推理等）都正相关。可以肯定的是，人们智力的各个方面会有高有低，但综合来看，如果某一方面智力水平较高的人，各个方面的智力水平都会相对较高。斯皮尔曼认为虽然智力能力的各个方面有部分是独一无二的，但同样也会反应出智力的某种一般因素，他将此命名为"g"。欧内斯特·琼斯比照斯皮尔曼的"g"因素，在1946年英国精神分析协会的讲话中指出，心理问题可能也存在一种类似的一般因素，是构成各种心理问题的基础。琼斯推测这种一般因素应该是建立在对挫折和心理冲突引发的情绪反应无法调节的基础之上。直到最近，我才发现琼斯的假设极具先见之明，他的某些观点如此鲜明，得出相同结论的研究人员也越来越多。2011-2012年，我参与了某个研究小组的相关研究，该小组同样认为，大量成年人样本体现出的各类精神障碍之间普遍存在相关性，可能就是心理问题的一般因素。但是，这一次，我们使用了斯皮尔曼首创的现代统计方法来研究心理问题的一般因素，而不是像琼斯那样只是基于非正式观察而提出的观点。我们的研究论文发表后，阿夫沙洛姆·卡斯皮、特里·墨菲特等人共同发表了另一篇极具影响力的文章，同样也使用了类似的统计方法，论证了心理问题的一般因素，他们将其命名为"p"。这些早期论文被引次数超过1500次，再次掀起了讨论心理问题潜在一般因素的热潮，很遗憾，欧内斯特·琼斯已作古，无法见证这种盛况。

许多后续的大样本研究一致表明，必须要深入研究心理问题这一假设的一般因素，因为它能比心理问题的具体维度更精准地预测出给人们造成痛苦和功能受损的许多指标。对儿童、青少年和成年的各个时期出现的成绩不理想、受教育程度降低、工作适应能力差及经济困难、因精神健康问题到门诊就诊或住院治疗、因犯罪被监禁，以及自杀未遂和自我伤害等方面，心理问题一般因素是最有力的预测指标。

近年来，还有一些心理学家和精神病学家同样认为，应当将心理问题看作是一个相互关联的层级体系，而不应使用相互独立的分类诊断方法。这些学者对心理问题进行了全面论述，包括DSM-4中被视为"临床障碍"及"人格障碍"的问题。为了充分评判这些观点，在后续的心理问题研究中需要使用综合测量法，而这种方法目前并不存在，也无法在实证研究中以自下而上的方式揭示所有一级和二级维度，即从具体的心理问题开始逐步构建高级维度的层级体系。看到桌子上的水果时，只有经过仔细观察之后才会知道有多少个二级类别。但当你仔细观察时，水果之间的相似程度就会揭示层级归属。要想最大限度地挖掘信息，未来对精神病理学维度的研究需要尽可能以特定心理问题的测量为基础，而且要依据数据中的相关性决定层级维度。如图6.2所示，可将心理问题各个维度之间的相关性看作一个层级体系，而心理病理学的一般因素则处于该体系的最高层。①

再次声明，我是众多认为心理问题各个维度之间存在某种层级体系的科研人员之一。虽然我和其他研究者的一贯做法一样，但我们对这个层级体系的细枝末节不可能完全一致，但是我们观点的相同之处要远多于彼此之间的分歧。

---

① 注意：从概念上看，一般因素位于该层级结构中的"最高层"，是因为一般因素由所有维度相关性共同界定，但为了更形象地在图形上呈现，因此图6.2中将一般因素置于底部。

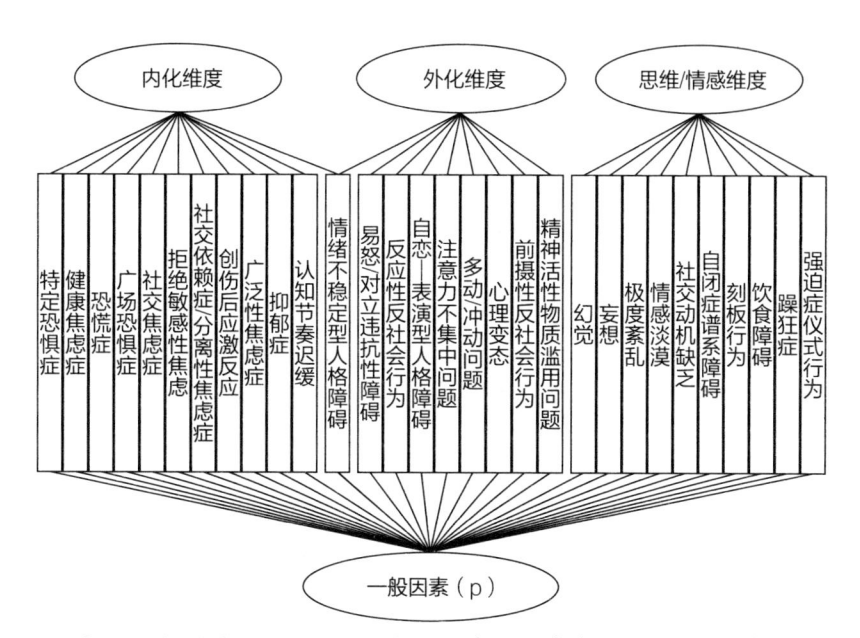

图 6.2　假设的心理问题二级内化、外化和精神疾病的思想/感情维度，显示了假设的精神病理学一般因素 (p)

心理学本质的一般因素假设

到目前为止，我仅以统计概念——维度间相关模式对精神病理学的一般因素进行了界定。现在是时候讨论精神病理学中的一般因素在心理学中到底是什么了。鉴于心理病理学所有维度都能反映重要心理变化过程（或各个过程）的个体差异，而这些心理变化过程又会以非特定的方式增加精神病理学各个维度的风险，那么我们能否认为心理病理学的所有维度都有关联？答案仍然未知。到2011年，对这一问题的研究才开始受到关注，因此目前还没有足够的信息能确定其中的关联关系。这不禁让人想起欧内斯特·琼斯1946年精准的推测,有充分的证据表明,出现高强度负面情绪的总体倾向与一般因素有关,但这也可能是情绪调节机制存在缺陷造成的。此外,也有不够充分的证据表明,认知能力水平较低,包括所谓调节注意力和冲动行为的执行功能可能都和心理问题的一般因素有关。我们对这方面的现有知识极其有限,还需深入研究,但可以利用一般因素了解心理变化过程与心理问题的各个维度相关。

因果层级结构假设

一个心理问题维度的层级系统正逐渐清晰明确;该系统通过减少心理问题表象中的复杂性,必然有助于我们了解心理问题的本质,这就和整理桌上的那些水果一样。要让心理问题变得清晰,还有一项更为重要且需要进一步深入研究的基础,即产生心理问题的。心理问题各个维度间的关联信息量巨大,因为这些关联关系可以帮助我们发现心理问题维度之间相互联系的原因。一旦完全找出这些相互关联的模式,对心理问题的认识程度就会显著提高。

正因如此,为激发能够进一步解释心理问题各个维度之间相关性的研究,我和我的同事提出了结构严谨且可检验的原因假设。具体来说,我们假定心理问题所有维度之间都是以等级形式相互关联,因为它们之间不仅存在关联层级结构,而且同样存在一个因果层级系统,以及一个受该因果层级系统影响且与之相对应的心理和生理机能层级体系。很有必要对该假设在某些细节方面进行检验,因为本书的这部分观点与DSM中分类诊断所秉持的理念完全相悖，而且极具代表性。与所有的科学假设一样，我们所提出的这一假设也是可以证伪的。这也就意味着，实证检验很容易证实该假设部分或完全错误。但是，如果后续数据可以支撑该因果层级假设，就会彻底颠覆我们对心理问题本质的认识。尤其是，认为每种"精神障碍"都是一种独立存在的实体，致病原因都是独一无二的这种毫无根据的观点就可以偃旗息鼓了。

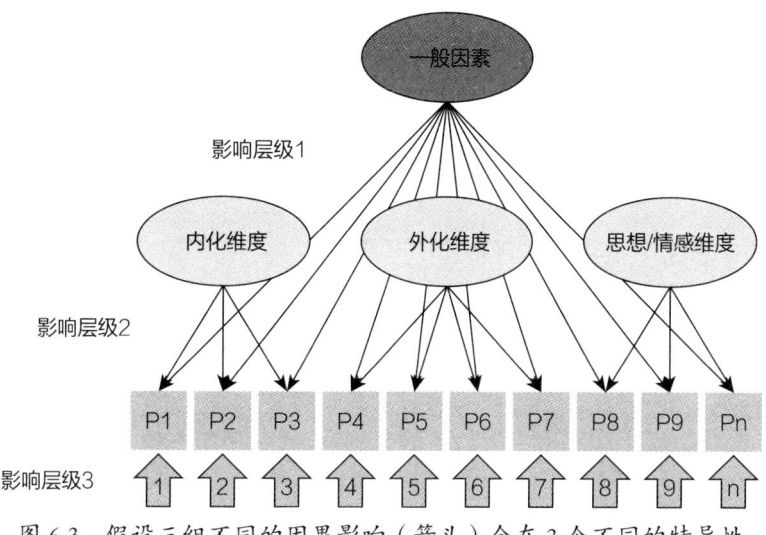

图 6.3 假设三组不同的因果影响（箭头）会在 3 个不同的特异性水平上影响各个维度（P1-Pn）

具体而言，从该因果等级结构可以看出，造成心理问题的原因均囊括在一个至少拥有3个层级的共有因果层级体系中。

层级1：高度非特异性影响因素

如图6.3所示，图中的第一层因果层级由高度非特异性[①]的因果风险因素组成。这就意味着假定造成心理问题的某些因素具有非特异性就会增加出现某种心理问题的风险，但这并不意味着这些心理问题一定会出现在同一个人身上。这一观点与我们先前认为导致每种精神障碍的原因都是孤立的观念大相径庭。

影响层级1造成心理问题的原因仍有待深入研究，但很明显一些极其重要的"家庭"因素对因果层级的第1级有重要影响。这里我指的是，有充足的证据表明，家庭代代相传的强大的遗传风险因素，以及整个家庭共有的环境因素，如贫困及灾祸等，都属于非特异性因素，理应囊括在因果层级体系的这一层级。这就可以解释心理问题为什么会出现众所周知的"家族遗传"，而没有"纯育"的原因。也就是说，如果父母确诊为某种精神疾病，那他们的孩子也很有可能会出现精神问题，而且有可能是任何类型，并不一定是和父母同一类的精神障碍。这很可能是因为一些家族遗传和环境因素完全是非特异性的，而且这与心理问题的任何特定维度都没有关联。

然而，值得注意的是，家庭影响因素并非完全都是非特异性的。许多研究表明，其中存在某种细微差别，即层级1的非特异性

[①] 我这样做并非只是要让你保持警惕！为便于理解，与一般因素相关的心理问题的非特异性影响因素被画在了图6.3的顶部。而图6.2中一般因素则在底部，因为图6.2描绘的是心理问题维度，并未像图6.3列明造成这些问题的原因。

影响因素会影响心理问题各个维度的风险。例如，出现特殊恐惧症状，即对具体事物或情景（如蛇或高度）的极端恐惧，似乎只会随着层级1中的高度非特异性基因及环境因素而增加，但抑郁症和广泛性焦虑又与这些高度非特异性因素关系密切。因此，层级1中的非特异性因素会增加出现各类心理问题的风险，且比其他层级中的影响因素更易造成心理问题。

高度非特异性的遗传和家庭环境因素对心理问题各个维度的影响主要通过层级1表现出来，早期及后续支持这一观点的研究都是以双胞胎为研究对象。第8章将详细论述双胞胎的相关研究，通过对双胞胎的研究可以推断出遗传和环境因素对心理问题的影响，因为两种双胞胎的遗传关系不同：同卵双胞胎，由单个受精卵产生，具有基本相同的DNA序列；而异卵双胞胎是由两个独立的受精卵发育而成，其DNA序列与在不同时间出生的兄弟姐妹相似——平均相似度仅有50%。在符合某些假定的条件下，双胞胎研究有助于我们评估心理问题的多个维度受相同遗传变异的影响程度，而无需测量这些DNA变体。其中的逻辑很简单：例如，如果行为问题和多动症的关联关系在同卵双胞胎中出现的比例比异卵双胞胎越大，那就可以认为，相关度越高就说明同卵双胞胎的DNA序列比异卵双胞胎的相似度更高。我们就可以信心十足地得出以上推论，因为这两种双胞胎均拥有相同的社会环境：几乎同一时间出生在同一个家庭。这类相关研究表明，同卵双胞胎之间的各个维度与其他维度的相关性更强，这表明某些遗传因素对心理问题各个维度的风险具有高度非特异性的影响。一项针对300万个遗传相似程度不同的全同胞和半同胞的大规模研究也得出了相同的结论。

最近有很多研究使用分子遗传学方法来检验这一假设。在这些研究中，直接测量从个体血液或唾液中获取的细胞中的DNA变体，就可以确定DNA序列变异与不同类型心理问题之间的关联。最近大量分子遗传学的研究证明，许多DNA序列中的变异与各种不同类型的心理问题的风险存在非特异性相关。这非常令人鼓舞，因为三种研究心理问题原因的科学方法（即双胞胎、兄弟姐妹以及DNA研究）均一致表明，不同类型的心理问题中高度非特异性（也称为多向性）遗传风险因素普遍存在。同样，这一结论与DSM中认为每种"精神障碍"都是一种具有其独特原因且性质不同的独立体的诊断方法截然不同。如果心理问题有一些相同的因果影响因素，那么它们的生物学和心理学性质就不可能存在质的区别。

之所以需要对心理问题进行更深入的分子研究，原因若干。迄今为止，人们也只对几种心理问题开展过分子研究，而且这些研究一直以DSM中的诊断标准为依据，并没有使用维度测量的方法。此外，目前出版的研究大多使用"病例-对照"的研究方法，研究对象是在诊所招募符合特定精神障碍标准的病人，然后再将其与以截然不同的方式招募的没有精神障碍的人进行比较。这种病例对照研究，以受试者代表整个群体，对心理问题之间的相关性进行研究，因而得出的结果有可能存在失真的情况。尽管如此，研究基因对精神障碍的影响出现了不同的研究方法，这的确是不争的事实，而且这些研究的方法不同、假设不同，但却对高度非特异性的遗传风险因素的影响却得出了基本相同的结论，这足以令人欣慰，这说明我们正走在坦途正道上。

虽然目前的研究成果表明，层级1中的影响因素会对各种心理问题产生影响，而且造成心理问题相互关联的是所有家庭成员共有的遗传或环境因素，但也有证据表明，某些发生在单一家庭成员身上的特殊经历同样也可能以非特异性方式增加造成各类心理问题的风险。有研究表明，尤其是在童年时期受到虐待的经历会以非特异性的方式增加患上各种心理问题的风险。

层级2：部分非特异性因果影响因素

因果层级结构的层级1中包含了造成心理问题的广泛非特异性遗传和环境因素，除此之外，有充分证据表明，因果层级结构中至少还有一种非特异性影响因素层级。如图6.3所示的影响层级2所示，假设存在许多独立的遗传和环境风险集，会以非特异性的方式增加高度相关的心理问题若干子集中所有维度的患病风险——这里的维度是指二级维度。这些非特异性因果风险因素与层级1中的因素不同，它们只会影响单个二级维度范畴内的心理问题，如所有的内化或外化维度，并不会包含其他维度。心理问题维度中这些子集的具体数量究竟有多少，目前尚不清楚，但图6.3根据现有证据的推测而展现了出因果层级结构层级2。

因此，有理由假设层级2中的某些因果因素会以非特异性方式影响之前界定的所有心理问题的内化维度，但也仅限于内化维度。同样，几乎可以肯定的是，另一组单独的遗传和环境风险因素会以非特异性的方式不同程度增加心理问题所有外化维度的风险。众多对双胞胎和兄弟姐妹的研究都支持这一观点，综合这些研究发现，内化或外化的众多维度都是相互分离的，且与层级1中的因果因素也是相互分离的。也就是说，有充分的证据表明，在因果层级结构中，遗传会对内化和外化的各个维度产生影响。同样的假设也适用于精神问题二级范畴的思想和情感领域，但缺乏评价这一方面假设的相关研究。尽管如此，层级1中很可能存在一组遗传和环境因素的共享因素，而层级2中则会存在两组或多组不同的遗传和环境因素。

层级3：因果影响因素的特异性维度

在假设的因果层级结构的第三层，有一些因果因素只会增加单一维度心理问题的风险（例如，抑郁症或强迫症）。虽然因果层级结构中的层级1和层级2中的遗传和环境风险因素会产生维度关联，而层级3中的特异性中的这些风险因素对每个维度都是独一无二的，而且各个维度之间也各不相同。与层级1和层级2中的因果影响因素不同，层级3中的因素只会引起心理问题特定维度的单一风险，并不会对我们探讨的维度间的相关性产生任何影响。其中肯定会包含一些各个维度的特异性遗传影响和家庭中每个人独有的经历。然而，最近一篇受关注度较高的论文指出，仅有1/6的精神障碍病例中能统计到与精神障碍相关的遗传变异，且变异的百分比为0%-27%。

例如，在发现与抑郁症相关的40种基因变异中，只有5种属于抑郁症的特异性变异。其他35种变异同时也与其他类型心理问题相关。因此，对双胞胎和分子遗传学的相关研究结果表明，大多数遗传对心理问题的影响是非特异性的。然而，我们需要更多佐证，以期证实这些遗传影响因素是否同时存在于因果层级结构的1、2两个层级中。

将来完全有可能发现更多原因影响层级，远不止图6.3所示的三个层级。时间和大量研究数据会证实：无论最终发现多少个层级，该模型的主旨都将保持不变——推翻DSM中每一种"精神障碍"的致病因素都是独一无二的观念；心理问题各个维度的原因很大程度上既是相互叠加（在层级1和层级2方面），也是独一无二的（层级3）。这正是本书要传达的核心理念之一。

因果影响因素的直接和间接共享

本章阐述了心理问题的维度如何共享因果影响因素的假设，代表了众多相关科学家的最佳推测。然而，不排除后续研究中可能发现其他对共享非特异性遗传和环境影响因素的合理解释。假设有一种遗传变异会影响心理问题的多个维度。这种遗传变异并不会直接影响心理问题的所有维度，如果我们将这些维度命名为x、y、z，这种遗传变异有可能增加x维度的风险，再间接增加y和z维度的患病风险。在我看来，这种因果影响因素的间接共享的确存在。例如，有研究发现，高度外化的心理问题，如多动症及反社会行为，如果出现此类心理问题的人因个人行为而遭到歧视，如同龄人的疏远、学校开除、失业，这些歧视就会增加病人罹患抑郁症的可能性。在这种情况下，心理问题的外化因果影响因素就会通过歧视这种外化行为以间接的方式成为导致抑郁症的原因。因此，因果影响因素可以通过直接或间接的方式共享。找到这样的致病路径很重要，因为这可能会成为一种治疗方法，例如，可以通过减少外化心理问题的方式减缓抑郁症状。然而，重要的是，心理问题的许多维度都会以某种方式共享大部分因果影响因素。这也正是要更好地了解心理问题的根本原因；心理问题都是相关的，因为它们有共同的致病原因。找到这些共有的致病原因，我们就能极大减少心理问题的患病率。

为什么有许多不同类型的心理问题？

上文所述的因果层级结构假设可以解释为什么心理问题的许多维度都息息相关。因为该结构层级1和层级2中的非特异性风险因素会同时直接或间接地影响心理问题的精神病理学，它们也必然会造成各种心理问题之间存在关联。这一点已经明确，但既然因果影响因素的共享程度如此之高，为什么心理问题的维度并不唯一呢？换言之，如果只有一个维度，那么就可以将本书提出的因果模型倒置过来，如果是这样，那么用什么来区分心理问题维度之间的差别呢？

我已经就此进行过相应的解答，让我们以因果层级结构中的3个层级为核心再次仔细阐释一下。虽然图6.3的层级结构的1、2层级中，大多数遗传影响因素似乎被心理问题的多个维度广泛共享，但在层级3的每个特定心理问题维度中也有一些独一无二的遗传影响因素。家庭环境因素也是如此，这指的是同一家庭的所有成员共有的经历，如生活贫困或居住在功能不健全及充斥着暴力的社区。这种家庭环境的影响因素就会被层级1和层级2中的心理问题多个维度所共享。不过，层级2和层级3中特异性维度的家庭因素是心理问题不只存在一个维度的原因之一。

尽管如此，区分心理问题维度的主要动因，即心理问题维度并不唯一的主要原因应当是同一家庭中每个成员所特有的环境事件。我指的是诸如兄弟姐妹中只有一人有过上大学、参军或成为暴力犯罪受害者的经历。在我们可能展现出的某种心理问题方面，家庭主要是非特异性影响因素，但是我们作为个体所经历的事，对我们产生特定类型的心理问题有重要影响。从更广泛的角度来看，个人层面的环境影响因素在区分第3—5章中描述的种类不同、但却相关的心理问题维度起着至关重要的作用。

同理，随着时间的推移，个人经历可能会影响我们在心理问题中出现的大部分变化。但在现实生活中，不如意之事十有八九，造成心理问题的许多原因并不会发生变化。我们的家庭历史无法改变——我们的一生，都将烙上从小长到大独特成长环境的印记。同样，我们的DNA中的核苷酸序列也不会改变。这些因素会影响一生出现心理问题的概率。但尽管如此，基因的表达可能会发生变化，这种变化会受到个体不断变化的特有经历的影响。随着时间的推移，已有的经历会以这样或那样的方式影响心理问题，时强时弱。这也可能会导致心理问题维度发生变化、消失不见或者出现新的心理问题。

然而，每个人随着时间的推移而发生变化的程度有限。但不断变化的经历会改变我们，由于受到图6.3中层级1和层级2中持久的非特异性原因的影响，心理问题的变化受限于遗传和环境因素。换句话说，因果层级结构的各个层级中一成不变的遗传和家庭因素明显可以解释心理问题变化通常不会偏离太远的原因。也就是说，同一个人身上出现的心理问题可能会从一种变换到另一种心理问题，而这种两种心理问题一定共享更多更持久的遗传和家庭影响因素。例如，有研究表明，特殊恐惧症和社交焦虑症有着许多共享的因果影响因素。特殊恐惧症与行为问题，如操纵型撒谎、盗窃、攻击和破坏行为等，共享的因果影响因素则更少。因此，可以认为曾出现过特殊恐惧症的人，两年后出现社交恐惧的可能性就会增加，反之亦然。相比之下，出现特殊恐惧症的人在两年后出现反社会行为的可能性只比偶然性略高，因为他们没有足够地共享非特异性因果影响因素，所以这种转变并不常见。因此，根据目前的论述，经历会改变和构成心理问题的差异，但是会受到多个层面、不同心理问题维度所共有的因果影响因素的限制。

第 7 章

性别差异与心理问题发展

本章简要论述了女孩和男孩、女性和男性的心理问题随时间的动态变化，我们从小长到大有时跌跌撞撞，有时也会一帆风顺。生活经历就像一则故事，虽然要以科学依据为基础，但又不可能完全建立在充分可靠的科学依据之上。鉴于现有知识的局限性，有时我们也需要依赖一些并不完整的证据。目前，大多数证据来自相对薄弱但快速和廉价的横向研究，即在同一时间对不同年龄、不同群体的人进行的研究。虽然这类研究很实用，但是只能提供不同年龄段人类生活的瞬间"快照"。这些片段可以反映出不同年龄段的某些心理问题，但并不能展现这些问题是如何随着时间而变化的。因此，也就很难观测到心理问题对生活各个方面产生的长期影响。此外，对待横向研究我们也应非常谨慎，因为研究的基础是不同年龄段的不同人群。如果每个年龄段的研究对象不具可比性，那么任何明显的年龄差异都可能造成研究结果的误差。如果对30岁的教授进行臂力测试，并将其与40岁的专业健美运动员进行比较，就会得出"臂力会在30-40岁期间有所增加"的错误结论。

但是横向研究也具有一定价值，能够形成发育变化方面的假设，这些假设可以在花费更大、耗时更长的纵向研究中得到验证。纵向研究能够做到对同一类人群进行持续数年的监测，了解他们的发育过程中的变化。但遗憾的是，通过对大量具代表性的样本进行研究的纵向研究屈指可数。

诚然，如果未能同时兼顾性别差异，那么对心理问题中的发育变化的研究就无从谈起。[①]反之亦然，如果不考虑发育差异，也就无法研究性别差异——这两个主题相互交织、密不可分。这是因为男女在心理问题的诸多维度上的年龄差异存在不同，而且不同年龄段的心理问题的性别差异也不相同。

虽然目前与心理问题的性别和年龄差异的相关研究还没有达到我们所需要的完整程度，但到目前为止已经发表的横向和纵向研究，已经可以勾勒出一幅相当精准的研究图谱。这样做的一大挑战是我们亟须的信息只能来自同时对年龄和性别差异所做的数量有限的研究。另一局限性是几乎所有公开发表的与性别和年龄差异相关的研究都使用了《精神障碍诊断与统计手册》的分类诊断方法，并没有对心理问题维度进行连续测量。因此，我只能用现有数据描绘出性别差异和发育变化的模糊画面，希望这样仍有一定的实用价值。切记，本章节可能包含不准确的观点，未来所做的深入研究可

[①] 在本章中之所以使用"性别"一词，是因为几乎所有发表的研究都要求人们以"性别"这种二元方式来对自己进行分类。在心理问题领域，缺乏对生理性别不明确或认同不同性别、多种性别或无性别这些群体的相关研究。因此，本章节中所述对性别差异的概述很可能并不适用于所有人。

以揭露其中的不足之处。

各类心理问题都有可能会出现在男性或女性身上，无论男性还是女性，出现心理问题的概率完全相同。但是，同一类型的心理问题出现在男性和女性群体的概率则完全不同。大多数心理问题维度均有性别倾向性，在某个性别中较常见，但在另一性别中则不常见。同样，虽然大多数心理问题可能在任何年龄的人身上出现，但心理问题的每个维度都会在某些年龄段中更为常见。

为什么性别和年龄差异尤为重要？一方面，了解心理问题中的性别和年龄差异对于了解两种性别的儿童、青少年和成年人一生中的经历非常重要。我们只是在论述性别和年龄之间的平均差异，并不适用于每个个体，而且力求严谨，极力避免刻板印象，不会将每个个体假设为其所在群体的平均概念，如果我们将这些谨记于心，那么本章节中的内容就会有助于理解和欣赏人类的多样性。

另一方面，性别和年龄差异之所以重要，是因为其中的差异通常非常大。一旦发现造成年龄和性别差异的主要原因，就意味着我们已经对造成心理问题的原因有了充分的认识。例如，从青春期后期开始一直持续到中年早期的这段时间，抑郁症患者人数呈现稳步大幅增加的趋势。这段时间有哪些生物学变化和经历的变化会造成抑郁症的增加？为什么这种趋势会从青春期后期开始，而不是从其他年龄段开始？另外，造成女性抑郁症患者人数增长比男性多的原因是什么？为什么女性在生命中第一次经历抑郁症的时间会比男性长？除非我们知道上述问题的答案，或者对所有类型的心理疾病的类似问题了如指掌，否则我们无法全面了解造成心理问题的原因。

一生中的心理问题

本节中，我总结了自童年早期到成年晚期心理问题的相关内容，区分了女性和男性心理问题的发展变化。分别对第3—5章中描述的3个广域心理问题领域的变化进行了论述：内化、外化以及精神疾病。但务必切记，无论在这3个领域之内或之间，心理问题的所有维度都息息相关，也就是说我们几乎不太可能一次只出现某一种心理疾病。但这也绝不意味着心理问题的各个维度会表现出同样的性别和年龄差异。

发生率、患病率以及发病年龄

我一直用患病率这个术语来指代某个时期（例如，过去12个月）的患病人口比例。然而，为了充分了解心理问题如何随着年龄的增长而发生变化，我们还需要了解发生率的概念。发生率是指，特定年龄首次出现某种已知心理问题的人口比例。另一个相关术语发病年龄是指出现某种心理问题的平均年龄。

早已有研究表明，行为问题（特指儿童时期而非青春期的行为问题）的发病年龄越早，越严重，而且持续到成年后转变成反社会行为的可能性越大。相比之下，那些行为良好的孩子进入青春期后首次出现反社会行为时，通常只会出现轻微的行为问题，如逃学、盗窃以及向父母撒谎等，而且通常这些反社会行为在成年后就会消失。越来越多的证据表明，发病年龄较早对许多心理问题的不同维度的研究同样重要。近期有研究表明，与在青春期或成年后才出现心理问题的人相比，年龄较小时就出现心理问题的人，在青春期晚期或成年早期通常会出现更严重、更持久的各种心理问题。

儿童时期心理问题的变化

虽然我们通常认为只有成年人才会出现心理问题，但有些儿童在蹒跚学步时就已经出现了心理问题。实际上，心理问题的若干维度会出现在很小的年龄段。虽然几乎没有蹒跚学步的儿童符合《精神障碍诊断与统计手册》中有关行为障碍的诊断标准，但是这些幼儿并不像我们所认为的那样天真无邪。打人、踢人、咬人以及抢夺别人的东西在18-24月龄的幼儿中极为常见，幼儿期的这些行为的出现概率在男孩和女孩之间并无明显差别。总而言之，大约仅有20%学龄前儿童的心理问题符合《精神障碍诊断与统计手册》中精神障碍的诊断标准，还有更多的心理问题无法通过该手册进行诊断。这些儿童早期的心理问题并非无足轻重，有心理问题的幼儿会增加青春期及成年后出现严重心理问题以及功能受损的风险。这一重要议题会在本章后续部分进一步探讨。

儿童时期外化问题

外化问题的几个具体维度就发育趋势而言差别很大。儿童时期对立违抗行为以及攻击性行为的发病率与青春期早期几乎没有差别。相比之下，从儿童时期到青春期，随着年龄的增长，两种性别的多动和冲动问题都会呈现下降趋势。集中注意力方面的问题在小学的早期阶段会出现上升趋势，可能是因为此时儿童保持专注度的能力首次受到学校课业的冲击，但这一增长趋势会在整个儿童时期和青春期出现缓慢下降的趋势。

相比之下，严重行为问题的发病率在儿童时期逐渐增加，到青春期时迅速增加，尤其是那些出现注意力缺陷、多动症和对立违抗行为的青少年，增长速度尤为显著。在儿童时期到青春期这段时间，尤其是财产犯罪（如偷盗）以及身份犯罪（如逃学）的概率会增加。从四五岁开始，男生出现这些行为问题的平均概率高于女生。这些问题越来越普遍，因而相关研究极其重要，童年时期行为问题较为严重的成年人出现生活功能低下、反社会行为以及抑郁的风险更大。

儿童时期内化问题

涉及恐惧的问题通常始于幼儿期和学龄前阶段。特殊恐惧和分离焦虑是儿童早期最常见的内化问题，但在幼儿中也发现了社交恐惧症、广场恐惧症和广泛焦虑症等现象。从学龄前到青春期，女孩比男孩更易于出现引发痛苦、造成损害的恐惧以及分离焦虑。从儿童时期到青春期，随着年龄增长，两种性别出现这些恐惧和分离焦虑的概率会迅速下降，但并不会彻底消失。

在各个年龄段中，恐惧在女性中更为常见。相比之下，儿童时期男孩出现普遍性焦虑和抑郁问题的概率略高于女孩，但在青春期和成年早期，女性在这些方面出现问题的概率会急剧增加。回顾第3章中论述的焦虑和抑郁高度关联，有时构成"焦虑-痛苦"维度，以区别于恐惧。恐惧和焦虑-痛苦维度在童年时期表现出明显的性别差异和与年龄相关的变化，这一事实是区分这些内化维度子集的重要方式。

值得一提的是，儿童的恐惧和忧虑并不易识别。幼儿时期，只有在孩子抱怨与内化问题相关的胃痛、头痛和关节痛时，心理内化问题往往才会引起父母和儿科医生的注意。

自闭症谱系问题

自闭症谱系问题始于儿童早期，一般会持续一生。大量患有自闭症谱系问题的儿童随着年龄的增长会表现出心理功能有所改善的现象，但在几乎所有的病例中，他们的一生中仍然会继续出现心理损害性问题。近年来，普遍认为自闭症谱系问题的范围已经扩大，一些智力正常或较好的儿童也会出现许多自闭症的轻微症状。这些儿童，只有到了与家庭以外的人员交往频繁的学龄时段，这些社会交往中的问题才会变得较为明显。我们对这些具有轻度自闭症谱系问题的儿童的生命历程知之甚少，直到最近才开始大量出现与此相关的研究。

向成年过渡期间的心理问题变化

在大约10年的时间里，从青春期到成年早期——大约从15岁到25岁——我们经历了从儿童到青少年再到成人的急剧转变。毛毛虫蜕变成了蝴蝶，儿童变成了发育成熟的成人。阅读本节时请记住，女性的青春期通常比男性开始得要早，因此向成年过渡的年龄就会因性别而异。此外，成年的起始年龄并不固定，不同的人会在不同的年龄承担起成年时期的独立和责任。虽然向成年时期过渡的界限非常模糊，但是此时出现的心理问题的急剧变化却十分明显。

在向成年过渡期间，也有一些关于心理问题的好消息。多动和冲动、注意力不集中和特殊恐惧等问题在青春期向成年早期过渡期间的患病率都会持续下降。但不幸的是，大多数其他心理问题的变化则与此相反。令人难过的是，童年是心理状态相对良好的几年，童年结束后，许多严重心理问题开始急剧增加，例如抑郁症、恐慌症、物质使用问题和精神疾病。青春期和成年早期心理问题患病率的增加，大部分是由于这一时间段新问题（事件）集中爆发造成的。实际上，青春期和成年早期是许多种严重心理问题的发病高峰期。在向成年过渡时，许多青少年会出现新的心理问题或原有心理问题会进一步恶化的现象，这段时间对青少年本人以及家人和朋友来说都是极其困难的时期。

有时，在儿童时期未出现任何心理问题的人向成年过渡期间会出乎意料地出现新的心理问题。但是，其实这些心理问题并不会突然出现。在向成年过渡期间，新的心理问题在之前儿童时期出现其他心理问题的人中更为常见。也就是说，许多青年会出现从一个心理问题维度转向另一维度的现象，这就是所谓的**异型连续性**（heterotypic continuity）。也就是说，随着时间的推移仍然存在心理问题，但这些问题会发生变化。在讨论向成年过渡期间心理问题的变化时，我会提到许多常见的异型过渡，即从童年时期心理问题的某个维度向青春期和成年时期的另一维度过渡。这就是本章节探讨的主旨内容：心理问题的发展会随着时间发生动态变化。

需要明确的是，我们对异型连续性的认识还远远不够。有一些成熟的观点认为，表现出严重行为问题的儿童到青春期后期和成年早期出现物质使用障碍的风险会变大。我认为，这一观点是指，一些极具个人特色且持久的心理特征，如气质，在儿童时期家庭和学校的环境中会被视为行为问题，但同样的持久特征到成年时期便会引起物质滥用和依赖等心理问题。虽然，这可能是一种片面甚至错误的解释，但那些童年时期生活在混乱、资源匮乏环境中的人，长大后的生活环境往往也困难重重。他们心理问题的连续性可能是由持续不变的糟糕生存环境造成的，而并非心理特征的连续性使然。在我们能证实其中的某个解释之前，仍然需要对此进行更为深入的研究。当然，正确的解释也许并非只有一种。

因此，有时在儿童时期未出现任何心理问题的人会在向成年过渡期间出现新的心理问题，但先前在儿童时期出现过心理问题的人在过渡期间再次出现心理问题的可能性更大。但并非所有有过严重心理问题的儿童长大以后都仍然会受到心理问题的困扰。大约1/4的这类儿童到成年时，心理问题以及功能受损的症状会完全消失。即便如此，绝大多数人仍然会表现出典型的青春期和成年时期的心理问题。

内化问题

到了青春期，儿童时期的各类恐惧感呈下降趋势，但广泛性焦虑症、社交焦虑症、强迫症、广场恐惧症、恐慌症、社交恐惧症、饮食障碍以及抑郁等心理问题便会增加。上述这些心理问题在女性中的增长幅度更大，症状也更严重。例如，确诊为重度抑郁症的发生率在青春期早期增长明显，女性首次出现抑郁问题的概率也较高。

在青春期和成年早期首次经历恐慌症及广场恐惧症的人，通常会在童年时期出现特殊恐惧症及分离焦虑症。然而，在向成年过渡期间，儿童时期的心理问题往往会在抑郁症状之前出现。有焦虑、抑郁、对立违抗行为或其他行为问题等儿童时期心理疾病史的人更容易患上抑郁症。

外化问题

在两种性别中，尤其是男性，青春期成熟行为问题的出现概率会增加，包括盗窃、破坏行为、离家出走等，到青春期后期会达到峰值。上述这些反社会行为通常发生在童年是存在外化问题的青少年身上，但大量行为良好的青少年第一次出现（大部分情况下）轻微的反社会行为和（大部分情况下）短暂的反社会行为都是在青春期。如果本书的读者中有人在青春期出现过短暂的反社会行为，那么很可能出现的是这种相对良性的青春期发病模式。

一般情况下，严重的反社会行为会在成年早期开始急剧下降。大多数在青春期出现行为问题的青少年到成年早期就不再会有反社会行为，但超过1/3在童年时期、青春期都出现行为问题的儿童，到了成年阶段仍然会出现反社会行为，而且出现犯罪行为的比率也较高。超过一半儿童时期就出现的严重暴力犯罪人群占总人口的比率不到5%，但其中的大部分人自童年开始就出现了行为问题，而且一直会持续到成年。

成年时期冷酷、冲动的行为方式、欺凌他人以及参与犯罪等行为在《精神障碍诊断与统计手册》中被称为反社会型人格障碍，而且这种情况在男性中更常见，通常会被认为是儿童时期行为问题在成年时期的再现。只有不到一半具有严重行为问题的儿童符合《精神障碍诊断与统计手册》中反社会型人格障碍的诊断标准，显然，儿童时期出现行为问题并不意味着一生都会出现反社会行为。

虽然这些问题相当严重，但对存在第4章中所描述的其他外化问题的人的研究同样也很少。成年男性出现严重的冷酷、自私、操纵行为的可能性更大，这些行为统称为自恋型人格障碍。但是，至于表演型人格和边缘人格在一种性别中是否会比另一种性别更常见，目前仍然缺乏充足可靠的相关研究。

青春期会首次出现外化问题的新维度，涉及滥用或依赖精神活性物质，即任何改变情绪或感知的物质。儿童时期使用改变精神状态的物质极为罕见，但到青春期后期和成年早期却会急剧增加。女性使用和滥用精神活性物质的年龄比男性早，但男性对这些物质的滥用和依赖现象增加迅速，到青春期后期和成年早期会超越女性。滥用和依赖精神活性物质的问题之所以会首次出现在青春期和成年早期，至少部分原因是青少年到了这个年龄段再无人监管。物质滥用和依赖性被认为是外化问题，部分是因为它们与成年时期反社会行为的相关性要比其他心理问题维度更强，还因为这些问题更倾向于出现在那些在儿童时期出现过外化问题的人身上。

精神疾病和其他思想和情感问题

分裂型人格障碍、精神分裂症和躁狂行为，这些精神疾病问题几乎总是首次出现在青春期或成年早期。回顾第5章的内容，这类不常见但通常会非常严重的问题涉及认知障碍，使人"脱离现实"，有时还包括明显不符合实际情况的精力水平和情感（感觉和情绪）变化。与这组维度相关的《精神障碍诊断与统计手册》中的诊断包括躁狂症（双相情感障碍的一部分）、精神分裂症、偏执和分裂型人格障碍以及自闭症谱系障碍。不幸的是，迄今为止几乎所有对这些问题的相关研究都只使用了分类诊断法。

涉及妄想、幻觉、情绪或行为紊乱的问题，其严重程度足以造成功能受损并导致确诊精神分裂症，这些情况在所有年龄段都不常见，儿童时期则更少见。精神分裂症的发病通常是循序渐进的，会在数月甚至数年内出现相关的症状。首次确诊为精神分裂症的概率在青春期会急剧增加，男性和女性均在20岁左右达到最大概率的峰值，但男性出现更严重且需要治疗的精神分裂症问题的概率更高。现有屈指可数的相关研究认为，一般人群中的女性比男性更有可能满足偏执型和分裂型人格障碍的诊断标准，而且这些问题大多会出现在成年过渡时期。

几乎没有确凿的证据表明双相情感障碍的患病率存在性别差异，但女性出现这些问题的可能性略高。躁狂症通常会从青春期或成年早期开始出现，发病高峰年龄约为20岁，成年早期之后才出现躁狂问题的人数较少。女性首次确诊为双相情感障碍的年龄略晚于男性。

成年时期的心理问题

对世界各地的成人进行的大规模研究表明，与恐惧和焦虑相关的内化问题在成年女性中比成年男性中更常见。具体而言，一般人群中的成年女性比成年男性更有可能出现急性焦虑症、广场恐惧症、社交焦虑症、特殊恐惧症、广泛性焦虑、创伤后应激障碍、社交回避和社会依赖性等心理问题。实际上，利用分类诊断的相关研究表明，女性出现广泛性焦虑症、恐慌症和特殊恐惧症的概率是男性的两倍，确诊为社交焦虑障碍的可能性比男性高出50%。

同样，成年女性的抑郁症比成年男性更常见。根据《精神障碍诊断与统计手册》中对重度抑郁症的分类诊断标准，成年女性符合抑郁症诊断标准的概率几乎是男性的两倍。这并不是说抑郁症不是男女共同的心理问题——它确实是——但必须找出造成这种巨大性别差异的原因，才能充分厘清造成抑郁症的原因。抑郁症的性别差异不仅仅体现在患病率方面。首次确诊抑郁症的人数增长率在男性青春期中开始较晚，增长更为缓慢，而且也不会达到女性成年早期和中期的增长率和病例数。

幸运的是，在向成年过渡期间，严重心理问题的增速很快就开始减弱。这种变化正是整体趋势的体现，一般来讲，进入成年后随着年龄的不断增长，强烈的负面情绪会逐步减少，而正面情绪则会增加。几乎《精神障碍诊断与统计手册》中所有诊断症状（从焦虑症到反社会人格障碍）的患病率都会在成年早期至中年出现下降，到老年时期则会急剧下降。青春期后躁狂症和酒精等依赖开始迅速下降，但与此相比，创伤后应激障碍的患病率下降速度要慢得多，会一直延续到更大的年龄段。尼古丁依赖症是个例外，因为直到65岁以后，对尼古丁依赖的患病率几乎都没有出现下降的迹象。涉及所有物质的滥用和依赖的问题在整个青春期和成年期的男性中更为常见。

发展综述

设想一下，假如有一天我们可以为1000人撰写心理传记，记录他们一生中每年出现的心理问题。这1000份传记中，大部分都在所难免地出现令人痛苦、给人造成损害的心理问题。回顾前几章的内容，在一生中的任何12个月的时间段内，报告符合至少一种精神障碍诊断标准的累积比例，从童年时的约20%会急剧增加到中年时的约80%。这并不意味着目前80%的成人在其一生中都曾出现过精神障碍，而是说几乎每个人在一生中都至少出现过一次符合《精神障碍诊断与统计手册》标准的精神障碍。在这1000人中，有些人可能会在相对较短的时间内出现一到两种心理问题，之后就再也没有出现过任何问题。他们可能会因为酗酒影响了两年的生活，出现长达数周抑郁症，或者连续6个月因为害怕而不搭乘飞机的现象。还有一部分人可能会在很长一段时间里被某种心理问题所困扰和伤害，而且每年出现的问题也不尽相同。正如我一贯的观点一样，出现让人悲伤，甚至或多或少干扰到我们生活的心理问题是很正常的事情。从来没有经历过任何心理问题的人绝无仅有！

这些传记可以披露人们随着时间的推移，心理问题发生的巨大变化。实际上，我们很可能还会看到这些人生活中心理问题的各种变化模式。这些变化模式毫无规律难以捉摸。心理问题的改善和恶化就像股票市场一样，虽然有时会出现短期的剧烈起伏，但长期来看变化并不大。例如，有一项长达15年的纵向研究，对被父母送到儿童心理学和精神病学诊所的男孩们进行跟踪调查，研究发现这些男孩的心理问题出现了起伏不定的变化——他们的心理问题在有些年份稳中向好，有些年份则不断恶化。

此外，这1000份传记还可以揭示个体之间随着时间的推移所出现的心理问题的显著差异。其中，有些人会在一生中持续或间歇地出现同一个问题；有些人现在出现的问题，之后又会转向另一个问题；还有许多人随着时间的推移，在原有的旧问题基础之上又会增加新问题。还有一则好消息：根据许多对心理问题发生率曲线的研究，那些到中年都未出现任何严重心理问题的少数幸运儿，此后再也不会出现任何心理问题。

产生心理问题性别和年龄差异的原因

是什么原因造成有些心理问题在这一性别中比另一性别更常见？反过来说，是什么造成这一性别不会出现在另一性别十分常见的心理问题？同样，是什么原因导致大多数心理问题的患病率普遍存在显著年龄差异？为什么随着年龄的增长有些童年时期的心理问题会逐渐下降，而其他问题又变得十分常见了呢？为什么许多严重的心理问题会在青春期和成年早期突然增多？什么可以保护儿童在童年时期不会患上躁狂症和精神分裂症，为什么这种保护在青春期后期就会消失？或者说，儿童成年后面临哪些与此相关的新的风险因素？这些都是亟待解答的极其重要的问题，但本书中，我们只能试着做一些简要的解释。

年龄差异的原因

让我们从心理问题的巨大年龄差异开始。要厘清年龄差异的原因，需要回答3个截然不同的问题。

第一，为什么童年早期出现的极为常见的心理问题会随着年龄的增长逐步减少？多动症、注意力不集中和恐惧的患病率都会随着儿童年龄的增长而下降。是什么促使儿童随着年龄的增长适应性心理功能逐步完善？杰夫·哈普林和库尔特·舒尔茨认为，儿童时期注意力不集中、多动症以及冲动行为等心理问题——也就是诊断为多动症的相关症状，随着大脑皮层中参与调节注意力和神经冲动的区域在青春期逐步成熟而有所改善。根据这一观点，虽然我们并没有铲除多动症的根源，但是当大脑执行控制的网络成熟时，我们就可以更好地控制注意力、冲动行为和活动。虽然这一观点得到一部分相关研究的鼎力支持，但仍然只是一种合理的假设而已。然而，我很想知道，大脑皮层中控制注意力和情感网络的成熟是否也可以看作是儿童早期至青春期期间恐惧感下降的原因。

第二，为什么行为问题会在儿童时期缓慢下降，在青春期后期迅速增长，到17岁或18岁时达到顶峰，青春期后期又开始下降？青春期激增的行为问题主要是不当行为，如逃学和未经父母允许在天黑后外出，但更严重的问题也会在青春期出现，如离家出走、武装抢劫、人身攻击、非法入侵、谋杀和强迫性行为等。目前，任何对青春期出现的这些与年龄相关的严重行为问题增加的原因，都只是推测，但也有可能上述问题普遍增加与身体发育有关——体型高大强壮的青年更有可能威胁陌生人、抢走他们的钱包，但我认为很可能是因为年龄较大的儿童和青少年离开成人密切监管的时间越来长。青少年比儿童更易于出现严重的反社会行为，部分是因为他们更自由。另外，他们的认知能力逐渐增强，还可能会向父母隐瞒自己的反社会行为。

严重的反社会行为在青春期后期达到顶峰后，在成年后会有所下降，部分原因可能是执行控制机能的成熟，也有可能是因为许多年轻人刚开始工作谋生、参军入伍或组建家庭，闲暇时间因此而大大减少。然而，这种解释值得商榷，因为可能只有那些已经放弃反社会行为的青年才有能力去工作和维持家庭关系，而很多依然具有反社会行为的青年在工作或关系维系方面并不会有所建树。因此，放弃反社会行为可能是原因，而不是结果。

第三，抑郁症、广泛性焦虑症、社交焦虑症、强迫症、恐慌症、饮食障碍、躁狂症、精神分裂症和物质使用障碍等心理问题在青春期后期和成年早期首次（集体）变得极为普遍，导致这一现象的原因是什么？由于大多数此类问题都存在明显的性别差异，因此本章将在下一节中就此做出解答，分析可能造成这些问题性别差异的原因。同样，我们也只能是推测答案，切记每个问题的答案可能并不唯一。

性别差异的原因

为什么通常最早出现在童年时期的心理问题会因性别而异？为什么有些问题在男孩中更常见（例如，多动症、对立违抗行为、行为问题和自闭症谱系问题等），而有些则在女孩中更常见（例如，恐惧）？此外，为什么男性的行为问题在青春期会出现急剧增长，而女性在青春期的抑郁症、普遍性焦虑、严重饮食障碍以及其他心理问题的增长较快？因为大脑和行为是同一枚硬币不可分割的两个方面，几乎可以肯定这些现象与这一时期大脑发育的快速变化有关。在向成年过渡期间，抑郁症和其他问题发生率的性别差异可能与这一时期大脑发育的性别差异有关。造成大脑和行为的性别差异的原因是什么？心理问题的发展变化可能是由两个明显的原因造成的——遗传风险差异和个人经历差异。

性别差异中的遗传因素

第8章将详细论述，每个心理问题的维度都会受到环境因素和遗传因素的共同影响。让我们先反问一下，遗传因素是否会造成心理问题的性别差异？在众多的遗传因素中，只有一个明显的因素可能导致性别差异。给蛋白质编码的DNA序列——也就是位于我们从亲生父母那里继承的23对染色体上的基因。我们随机从父母双方各继承一对染色体中的一个。在这一过程中，随机选择组成的22对染色体并不存在性别差异，因此造成性别差异的任何遗传因素不太可能在这些染色体的DNA中编码。尽管如此，但是第23条染色体——性染色体却存在明显的差异。女性会继承两条"X"性染色体，男性则继承一条"X"和一条"Y"性染色体。①因此，性别之间的性染色体差异可能会造成心理问题中的性别差异。

重要的是，性染色体上的基因会对其他基因在男性和女性的表达方式产生影响，使得两性表现出不同的身体特征。这就导致了包括大脑在内的身体所有器官的性别差异。人类的大脑，无论男女，都是令人惊奇的精密仪器，但大脑的发育过程会存在性别差异。男性和女性大脑的差异并不是指某个性别的大脑比另一性别的大脑更高级，而是说它们存在差异。因为心理问题存在性别差异，而行为上的每一个变化都必然伴随着大脑和其他身体系统的变化而变化，所以这并不奇怪。

因此，有观点认为，造成大脑、行为以及心理问题性别差异的部分原因是两性在性染色体上的差异。几乎可以肯定，这不仅涉及X和Y染色体所编码的蛋白质的差异，而且还涉及驻留在其他染色体上的基因表达的性别差异。

经历的性别差异

心理问题中的性别差异几乎肯定会涉及由女性和男性的经历差异引发的基因表达差异。当然，并不存在典型的男性或女性生活方

---

① 同样，由于现有研究的局限性，我在这里进行了简化。X和Y染色体还会出现其他组合，例如拥有一个以上的Y染色体，而且，性别并不总是一个二元变量。此外，一个人的性别和其所认同的性别之间经常并不一致。

式，但一般情况下，女性和男性在各自生活中的经历会截然不同。这种差异肇始于父母同婴儿互动中的细微性别差异，而且会持续一生。

与心理问题极其相关的是在经历压力时的性别差异。尽管男性和女性在生活中都会经受压力，但男女的压力源一般不同。即使女性和男性暴露在完全相同的压力源中，女性和男性的反应一般也存在差异。下面来看一下2011年一群挪威青年的可怕经历。一名携带武器的恐怖分子装扮成警察前往奥斯陆附近海岸的一个小岛，当时岛上某个青年团体正在举行夏令营活动，参与人数多达500人。他用枪对着岛上的青年进行了长达一个小时之久的射杀，到警察救援队将其逮捕时，已有69人死亡，100多人受伤。许多经历这一事件的青年后来都出现了抑郁和创伤后应激反应等症状，这完全可以理解。然而，由于尚不清楚的原因，女性青年在被袭击后比男性更容易出现心理问题。研究压力反应中的性别差异应作为这一领域的重中之重，因为如果我们不了解压力反应中的性别差异，对压力反应的了解就无从谈起。

性别保护假设

这一假设为心理问题中的性别差异提供了一个不同的研究视角，而且可能行之有效。该假设认为，女性的某些因素会保护大多数女孩免受外化问题和自闭症谱系问题的侵扰；同理，男性的某些因素同样会保护大多数男孩免受恐惧、忧虑和抑郁症的影响。也就是说，心理问题维度相同的致病原因很可能在男性和女性中超过了不同的阈值。例如，如果女性具有假设的多动症保护因素，那也就意味着女性需要更多遗传和环境风险因素的刺激才会出现与男性同等水平的症状。

许多研究都可以支撑这一性别保护假设的存在，包括瑞典对7000对异卵双胞胎（非同卵双胞胎）开展的大型研究。这些异卵双胞胎有些是同性别，有些是不同性别。这些双胞胎中至少有一位出现了严重的多动症问题。随机指定双胞胎中的一位为"原发病患"，另一位则被指定为"同对双生对照"。这些研究利用异卵双胞胎的年龄相同，童年时期生活在相同的家庭环境这些前提条件，从而减少他们之间的经历差异。此外，女性和男性异卵双胞胎的基因完全相同（性染色体除外）。因此，如果女性并不具备多动症的保护因素，无论"原发病患"是女性还是男性，那么拥有相同遗传和环境因素的双胞胎中的对照成员应该和原发病患出现严重程度完全一致的多动症问题。然而，结果却是：女性原发病患的多动症问题要比男性更严重。这一结果对上述假设提供了佐证，即女性原发病患需要更多罹患多动症的基因和经历刺激才会出现严重的多动症问题。与"同对双生对照"双胞胎共同拥有这些遗传和环境风险因素是造成女性"原发病患"出现严重多动症问题的原因。其他对双胞胎的研究同样表明，有些元素可以保护女性不会出现自闭症谱系问题和青春期行为问题。这只是为找出造成心理问题的性别和年龄差异的原因所要遵循的众多调查路线之一。

第 8 章

心理问题的起因之
遗传—环境的相互作用

了解产生心理问题的原因可以更好地认识心理问题。为什么有些人会出现心理问题，而有人不会？为什么不同人会出现不同的心理问题？这些都是极其复杂且极具挑战性的问题，但我将尝试根据现有的知识做出解答。因此，这些论述只能看作论据充分的假设，而非结论。现有的知识和未知领域仍然存在很大的差距。尽管如此，我还是在本章和第9章就心理问题的成因，总结了基本事实以及最近激动人心的研究成果。

在本章中，我将首先阐述从遗传和环境因素对心理问题影响中获得的启示。在相关的讨论中，我从未断言任何一个心理问题的维度是由基因或环境（即经历）造成的，而是重点关注遗传和环境对心理问题的共同作用。切记，基因和环境会以同样的方式对整个行为谱系的高度适应性和问题性产生影响。正如我所说的，心理问题总会以稀松平常的方式出现。

基础基因生物学和遗传

为了确保论述的起点相同,我就从遗传的生物学基础开始。具有扎实遗传学知识背景的读者可以略读或跳过这一部分内容。在我们体内所有细胞的细胞核中,都有两条扭曲成双螺旋形状、可以携带遗传密码的脱氧核糖核酸(DNA)链。双链之间由成对的被称为核苷酸的复杂分子相连。核苷酸有4种不同的类型,通常以该类核苷酸英文单词的首字母表示:腺嘌呤(Adenine)、胞嘧啶(Cytosine)、鸟嘌呤(Guanine)和胸腺嘧啶(Thymine)。某些DNA片段会被称为基因,因为它们包含合成身体中某种蛋白质的代码,包括与我们的行为密切相关的大脑和神经内分泌系统中的蛋白质。DNA中的字母排列顺序,即核苷酸顺序,决定了在基因被其他物质(这种物质被称作转录因子)启动时合成的蛋白质。人类有近30亿个核苷酸和超过2万个编码蛋白质的基因。

DNA链自身经过多次盘绕和旋转形成染色体结构。人类的细胞中有23对染色体。每个染色体又包含许多不同的基因。人与人之间的绝大多数基因差异并不大,这些基因可以使人类具有相似性,但又足以将我们与狗、蜥蜴和卷心菜区分开来。尽管如此,仍有少数重要的基因会以多种形式存在,这种基因被称为多态性基因。多态性基因的单个版本则被称为一个等位基因。至关重要的是,这些不同的等位基因控制着蛋白质合成的差异,这些差异会造成人类的眼睛颜色、身高以及心理特征等方方面面的差异。从父母遗传的多态性基因的一对等位基因会被称为基因型。该术语与表现型相对应，表现型是指我们的显性特征：身高、智力，或者我们现在探讨的心理问题维度等。

如果你对心理问题兴趣浓厚，而且认为科学可以阐明其中的奥秘，自从对人类基因组中的基因型和表现型之间的关联进行测序以来，每年都会出现大量优秀的相关研究，这足以让人激动不已。这些对成千上万人的研究大多使用的是同一种研究工具，这种工具的基础是在基因的DNA序列中有一些多态性等位基因仅存在一个字母（即一个核苷酸）的差异——这种现象被称为单核苷酸多态性（SNPs）。等位基因的其他变异更为复杂但也很重要，其中涉及诸如字母序列重复数差异，但近年来出现了大量对单核苷酸多态性的相关研究，一方面是因为它们信息量大，另一方面也是因为它们可在分子层面上开展研究，要比其他多态性研究的费用更低。顶级的科学研究必定价格不菲，即便我们没有投入充足的资金，但利用捉襟见肘的预算已经取得了长足的进步。

遗传率

关于基因和环境影响对心理问题的交互作用，目前现有的大部分知识还停留在分子层面对基因序列变异进行测量的内容。用于估测遗传因素同个人经历相互作用影响心理功能的原始方法并不是在分子层面测量基因，而是进行两种"自然实验"：即对双胞胎和收养儿童的研究。

第5章中简要介绍了双胞胎的研究方法，下面会进一步详述。所有人，无论是不是双胞胎，都会从亲生父母处分别随机获得一个多态性等位基因。这一随机过程往往会使全同胞在生理和心理上出现相当程度的相似性，一般而言，全同胞的多态性等位基因有50%完全相同。

两种不同类型的双胞胎的这一过程非常有趣。一种双胞胎是由两个男性精子分别使两个独立的女性卵子受精的结果。如果两个已受精的卵子——现在称为受精卵，都在子宫着床并不断成长直至孩子出生，这样出生的就是一对异卵双胞胎或父系双胞胎。他们不是同卵双胞胎，因为他们来自两个不同的卵细胞和精子细胞。因此，与全同胞一样，他们一般会有50%的多态性等位基因完全相同，这就是遗传学术语中的异卵双胞胎——两个只是碰巧同时在子宫中发育并同时出生的全同胞。

另一种双胞胎是由一个精子与一个卵子受精而产生的受精卵发育而成。这类双胞胎被称为同卵双胞胎、母系双胞胎或单卵双生胎。同卵双胞胎的受精卵会在早期发育时分裂成两个，再分别着床并不断成长直至出生。由于分裂的受精卵是由一个卵子和一个精子结合而成，因此这两个双胞胎具有相同的DNA序列以及相同的基因。随着时间的推移，包括基因表达方式在内的同卵双胞胎的差异会逐步显现，但我们可以利用同卵双胞胎和异卵双胞胎在其DNA序列中的差异来推断基因和环境对心理功能的影响。由于这些推论都以假设为基础，因此从双胞胎研究中得出的许多结论都要用其他研究方法加以佐证，以使这些研究更可信。我们可以从双胞胎研究中推断出遗传和环境对表现型的影响如下：由于同卵双胞胎和异卵双胞胎在子宫内的时间相同，而且孩子在同一个家庭环境中长大，住在同一个社区，因此家庭环境方面基本没有区别。他们在个人的特殊经历上会有所不同，但他们天生共有的相同之处不可能出现差异。

因此，同卵双胞胎和异卵双胞胎基本拥有相同的环境条件。不同之处在于，同卵双胞胎的多态性基因100%相同，而异卵双胞胎仅为50%。因此，如果我们要求这两种双胞胎的两个成员同时完成一项诸如精神疾病经历的测试，就会发现同卵双胞胎的测试结果比异卵双胞胎更相似，据此便可以推断基因是影响精神疾病行为的因素之一。同卵双胞胎比异卵双胞胎更相似的唯一原因是同卵双胞胎的DNA序列相似度更高。我们甚至还可以根据同卵双胞胎和异卵双胞胎之间在任一行为维度上表现出的相关性差异大小，估算出普通群体中可归因于遗传因素的维度差异比例。这一估值被称为表现型的遗传率。心理问题的不同维度具有不同程度的遗传率，这可以体现基因在心理问题起因中的作用。例如，双胞胎研究估算出自闭症谱系障碍的遗传率至少为80%，也就是说，由于人与人之间的遗传差异，人们在自闭症问题上的差异中有80%严重到足以符合DSM对自闭症谱系障碍的诊断标准。如下文所述，这并不意味着环境因素对自闭症问题的产生没有任何影响——环境肯定会有影响，但这说明遗传因素对自闭症谱系问题的产生影响更大。通过对双胞胎的研究，估算出了精神分裂症、注意力缺陷/多动障碍问题的遗传率约为80%，但并非所有心理问题的维度都具有如此高的遗传率。酒精依赖的遗传率约为60%，恐惧症、焦虑症和抑郁症的遗传率在30%到50%之间。

为了避免对遗传率这一概念产生误解，我们以精神分裂症为例进一步详细论述。如果读者的直系亲属中有人是精神分裂症患者，这部分论述还可以帮助他们避免误解自身也存在患精神分裂症的风险。我们把每年约有1%的人符合DSM精神分裂症诊断标准这一事实作为精神分裂症的"基础率"，以量化基因在精神分裂症中的作用。有异卵双胞胎、全同胞或亲生父母（这些都是拥有50%相同多态性基因的直系亲属）患精神分裂症的人，他们患精神分裂症的概率为10%。即便拥有完全相同DNA序列的同卵双胞胎中有一位是精神分裂症患者，另一位在一生中罹患精神分裂症的概率也仅有50%。这表明基因肯定不是影响精神分裂症风险的唯一因素。尽管如此，仍然普遍认为精神分裂症的遗传率非常高，因为同卵双胞胎中有一人患有精神分裂症，那么另一位的患病概率比普通人群患病的基础率1%高出50倍，而异卵双胞胎中如有一人患此病，和他拥有50%相同基因序列的另一位的患病概率也比普通人群高出10倍。这些事实揭示了遗传在其中的重要作用，但同时表明环境也很重要。如果并非如此，同卵双胞胎精神分裂症的患病概率只会完全相同。即便拥有完全相同DNA序列的人也并不一定会出现完全一样的心理问题。遗传的确很重要，但并不会主宰我们的心理命运。

在首次完成人类基因组测序后，众多双胞胎研究中对心理问题遗传率估值均较高，因此便开展了大量相关研究，以期能在分子层面找到增加每种精神疾病风险的多态性基因。虽然早期的这类研究并没能找到决定心理问题维度的基因，但却让我们获得了许多宝贵的经验。更重要的是，早期研究发现没有任何心理问题的遗传风险是由单个多态性基因编码的。某些身体疾病与单个基因有关，例如镰状细胞性贫血和囊性纤维化，但心理问题维度具有**多基因性**。这是指成百上千的DNA变异会导致各种心理问题的净遗传风险。单个众多基因多态性仅占每个心理问题的极少量遗传率，因此需要一种能将它们结合起来了解其实质性联合效应的方法。

因此，**多基因风险评分法**应运而生，该方法结合大量单核苷酸多态性的变异信息，将之与量化的遗传对心理问题各个维度的影响相结合。多基因风险评分法是许多单核苷酸多态性的加权组合，每个单核苷酸多态性的权重是以该单核苷酸多态性与大型参考样本中估计的维度的关联强度为基础。多基因风险评分法无法获得DNA序列中编码的所有遗传率，因为单核苷酸多态性本身就只是DNA序列中的一种变异，而且DNA中各个类型的变异如何共同导致心理问题的遗传风险仍有大量未解之谜。即便如此，这种方法一般可以证实双胞胎研究中获得的许多与性状遗传风险相关的大部分内容。现在已有充分的证据表明，DNA序列的变异是导致存在各种心理问题风险的因素之一，而且影响程度通常相当大。

心理问题的相关维度和基因多效性

前文多次提到本书的主旨之一，即心理问题的所有维度之间都正相关，因此我们可以假设一个能够反映这种相关性强度和广度的心理问题的一般因素。此外，与其他小组的维度相比，心理问题有几个较小组别的维度彼此之间的相关性更高。例如，内化维度内部之间的相关性比与外化维度或精神疾病维度之间的相关性更高。2011年我和同事在一篇文章中就曾提出，这种层级结构是由一组高度非特异性（或称之为多效性）基因的作用决定的。

基因多效性是指每个多态性基因会对一个以上的表现型产生影响。综合考虑来看，目前研究认为许多遗传因素具有广泛的多态性——通过一般因素直接或间接地影响心理问题的所有维度，而另一些遗传因素的影响范围则较窄，只会对单一领域的所有维度产生影响，例如所有外化维度，但不会影响其他维度。虽然心理问题的每个维度都会受到仅针对该维度的遗传因素影响，但心理问题的多个维度共有的非特异性或多效性遗传因素会导致所有维度相互关联。如第7章所述，这表明许多非特异性遗传因素可能会使人出现某种心理问题，但具体哪一种却不得而知。

这与认为每种精神障碍都只与自身的基因相关的观点截然不同，这种观点一直也是我们思维模式的指导思想，越来越多的科学家也开始认同这一观点。认为多效性基因在心理问题中扮演极其重要角色的这种观点同样得到了利用分子测量法进行的大规模研究的佐证。以单核苷酸多态性为基础的多基因风险评分法表明，某些等位基因组与多种心理问题存在基因多效性相关，而其他等位基因仅与单一维度相关。毋庸置疑，虽然还有许多未知领域，但很明显，许多基因都具有多效性本质是心理问题所有维度相互关联的原因之一。

基因和环境的相互作用

心理问题的任何维度不可能只会受到遗传或环境的单方面影响，这两种影响总是兼而有之。心理问题是遗传和环境共同作用的结果。过去30年间最重要的研究成果之一就是，基因和环境会以一种令人心驰神往、极其复杂的交互关系影响心理问题。也许继达尔文和孟德尔之后，研究遗传和环境最具影响力的文章当属罗伯特·普洛明、约翰·德弗里斯和约翰·洛林就基因—环境相互作用框架所做的敏锐而又极具说服力的论述。这篇文章是热衷研究人类行为学的学生的必读之物。该篇文章认为基因和环境通过它们之间的相关性和相互作用影响我们的适应性行为和适应不良性行为，具体内容将在下文中进行详细阐释和论述。

基因—环境的相关性

我们想当然地会认为细胞内的基因和我们的生活环境是两种互不相干的事物，但并非如此，它们之间存在某种至关重要的联系！

任何个性特征都会受到环境和遗传风险的影响。这是一个极其重要的观点。基因和环境通常相互关联，因此，受遗传因素影响而出现严重心理问题的人最终也会陷入促成相同心理问题的社会环境中。这些基因—环境的相关性会以下面3种不同方式出现：

被动的基因—环境相关性：基因和环境相互关联只是因为父母不仅将基因传给他们的孩子，而且还会为他们创造出与这些基因相关的环境。举一个正面例子，聪明的父母会将聪明的基因传给孩子，从而影响孩子的智力。此外，这些父母还会为孩子创造刺激智力发育的育儿环境。由于遗传原因而患抑郁症的父母，其情况类似。他们很可能会给孩子创造冷漠的成长环境，而且会把抑郁症的基因型风险遗传给孩子。这样一来，受成长环境和相关遗传因素的共同作用，孩子患抑郁症的风险就会明显增加。因此可以说，这种遗传和环境风险的"双重打击"是被动产生的，因此这种情况并非由孩子的主观行为所决定，这与基因和环境相互关联的另外两种方式截然不同。

唤起型基因—环境的相关性：由于不同基因型会影响人们的生存环境，因此它们通常与环境相关。千真万确，能够反映出自身基因的环境的确是我们自己创造的！如果有些儿童的遗传变异促使他们出现易怒、违抗和反应性攻击，他们的这些行为往往会引起父母和老师的批评和惩罚，同样也会引起与同伴的冲突。正是由于他们的行为受遗传因素影响，他们身上的风险基因和环境因素彼此关联。因此，遗传上存在易怒和攻击性行为倾向的儿童很可能生活在一个由自己一手创造的充斥着批判和排斥的世界，这会让他们的适应不良性行为更加糟糕。当然，这种情况并非只出现在儿童时期。身边有长期易怒和具有攻击性的成年人并不会让人感到愉悦，这些人的行为造就了自身的社交环境。同样，每个受遗传因素影响的心理问题维度——都在某种程度上受遗传变异的影响——都能引起其他人的反应，从而影响他的社交环境，而这种社交环境又会使他们的心理问题更加恶化。因此，受遗传影响的个性特征一旦引起环境的变化，就会造成风险基因同风险环境相关，唤起型基因—环境的相关性就会出现。

选择性基因—环境相关性：基因和环境之所以相关，是因为受遗传因素影响的个性特征会以另一种方式影响周围的环境。而这种方式与唤起型基因—环境的相关性略微不同。通常，受基因影响的个性特征会引导人们"选择"与该个性特征相匹配的环境，通常都是无意识的选择过程，就和选择牙膏品牌一样。例如，有些人的基因变异可能会导致与他人相处时产生类似精神分裂症的不适感，这就意味着和亲人一同居住以及从事大多数工作都会产生这种不适感，因此这类人最终只能独自流落街头。因此，他们的精神分裂行为的遗传风险就和街头糟糕的生活环境产生了联系。受遗传因素影响的社交依赖症、广场恐惧症以及精神疾病行为都会以类似的方式促使人们适应某种特殊环境。

因此，基因和环境的协同作用是通过上述3种基因—环境的相关性实现相互关联。他们在个人身上会"沆瀣一气"。有酗酒和酒精依赖遗传倾向的人很可能是被存在酒精滥用问题的父母抚养长大的，他们会与同样倾向于用酒精来"治愈"心情人产生共鸣，最终除了嗜酒如命的酒肉朋友以外再无其他朋友。

另一种能够解释基因—环境具有相关性的因素，就是环境的可遗传性。起初，这一说法看似自相矛盾，但绝非如此。可遗传性就是指会受遗传影响。我们并不能随机选择自己所经历的环境；这些环境通过基因—环境的相关性会受到基因型影响。最近有一项引人注目的研究证实了这一观点。虽然这是一项就受教育程度对2000多名父母及其孩子所做的研究，但该研究的理念同样适用于心理问题。研究者利用先前的数据为受教育程度（指个人接受教育的年限）进行多基因风险评测。为受教育程度创建多基因风险评测，意味着遗传变异是影响我们求学年限和取得文凭的因素之一。该多基因风险评分中的单核苷酸多态性显然会影响到智力水平和个性特征，如与受教育程度息息相关的自觉性。这些研究人员的分析又向前推进了一大步，他们发现受教育程度的多基因风险评分比父母亲都高的儿童（之所以会出现这种现象是因为每个孩子都有可能随机遗传父母双方的"幸运"多态性基因）会表现出"上进心"，而且比他们的父母受教育程度都高。而那些多基因风险评分比父母都低的儿童，他们的受教育程度比父母都低。因此，可以认为一个人受教育的经历在一定程度上具有遗传性，因为每个人的单核苷酸多态性是影响教育经历的因素之一。该研究以及其他相关研究均表明，塑造我们许多行为维度的经历，包括心理问题，都源自基因—环境的相关性。

要将基因—环境相关性的讨论带回到心理问题上，需要考虑两个极其重要的发现。第一，一项对成年双胞胎的大型研究发现，影响生活中各类压力事件的基因基本和造成抑郁症的基因完全一致。通过积极型和唤起型基因—环境相互关联过程，那些抑郁症遗传倾向更大的人往往会在生活中经历更多的压力。这就意味着我们的基因在一定程度上就像制造生活压力的幕后设计师。也许这一重要见解可以帮助我们避免给自己制造压力源。我并没有低估这对某些人的困难程度，但这种可能性的确存在。

第二，如果你已为人父母，或者有朝一日可能会为人父母，基因—环境相关性的概念对你来说可能非常重要。我们通常会认为对孩子的抚养方式会影响他们的行为，的确如此。反之，通过积极型和唤起型基因—环境相互关联，孩子受基因影响的行为同样也会影响我们的养育方式。这也许是一件好事——我们可能会及时根据孩子的行为做出反应，调整养育方式以满足他们的需求。尽管如此，我们必须意识到孩子的挑战行为可能会导致最糟糕的育儿方式。不幸的是，大量的例证佐证了这种可能性。即便是再用心良苦的父母也会发现孩子的心理问题非常棘手，而且通常都没能恰当地应对。时刻关注这种可能性，则会有助于更好地抚养孩子。

基因—环境的互动

基因和环境的协同作用的另一个截然不同但同样重要的方式是

基因—环境的互动。这意味着环境对行为的影响取决于基因，反之，基因对行为的影响则取决于环境。换言之，基因和环境以某种方式对我们的行为产生的影响并不只是相互**叠加**，也可能会产生**倍增**的效果。

人类基因—环境的互动

对收养儿童开展的相关研究提供了有关心理问题的基因—环境影响之间相互作用的重要信息。例如，在对瑞典全国范围内门诊记录进行的一项庞大调查研究中，对那些至少有一位父母被诊断为重度抑郁症的家庭进行了研究。在这些家庭中，调查人员再筛选出那些将一个孩子送给他人收养，另一个由亲生父母抚养的家庭。与患抑郁症的亲生父母抚养的儿童相比，那些被收养的儿童确诊重度抑郁症的风险要低20%，但只有当他们的养父母从未被诊断为重度抑郁症且收养家庭没有因离婚或父母死亡而破裂时，才会有这种情况。这表明在功能良好的养父母家提供的舒适环境中长大的后代患抑郁症的遗传风险会降低，但如果养父母家的环境适应性较差而且家庭功能不健全则不同。同组研究人员进行的类似分析发现，存在遗传风险较高的孩子，被功能良好的家庭收养，其吸毒和犯罪行为的风险也会降低。这些研究结果说明遗传预先倾向性同育儿环境存在相互作用：如果收养家庭功能良好且提供了适应儿童成长的抚育环境，被收养儿童心理问题的遗传影响程度就会减弱，但如果收养家庭的功能不健全则不会减弱。

最近一项关于遗传和环境影响心理问题一般因素的研究也揭示了基因与环境之间的互动关系。虽然目前大多数研究都会同时检测许多单核苷酸多态性，而这项阐释性研究使用了一种已知与心理问题相关的单一遗传多态性，这种方法称作"候选基因研究"。研究人员对影响潜在的重要神经激素催产素受体基因中的单个单核苷酸多态性进行了检测。由于每个人在基因的这一位点都会分别从父母处继承一个A（腺嘌呤）或一个G（鸟嘌呤）核苷酸，所以每个人都有一个AA、AG或GG基因型。匹兹堡女孩研究（Pittsburgh Girls Study）对2500名女孩从童年到成年早期的经历和行为进行定期评估，研究人员首先发现，12岁以前的生活压力事件（例如，目睹街头暴力、家庭暴力，或受到身体、情感等方面的伤害）预示着成年早期心理问题的一般因素概率更大。因此，似乎证实了层级1中会共享一组遗传和环境因素，层级2中则会共享两组或多组遗传和环境因素。但其中存在显著的基因—环境之间的相互影响：对于基因型中至少有一个A等位基因的被收养女童来说，幼年时期暴露于压力的时间越长，心理问题就越严重。也就是说，基因—环境的相互作用的确存在——环境的显著影响效果由基因型决定。

最近另一项关于基因和环境对精神分裂症行为影响的研究，通过对许多单核苷酸多态性的多基因风险评分，同样也揭露了基因—环境之间存在的相互作用。在对超过3000人的样本中发现，在单人测试时，关于精神分裂症倾向性的多基因风险评分和被认为会增加精神分裂症风险的经历，即童年时期受到虐待等经历，都与精神分裂症确诊显著相关。然而，如果虐待发生在有精神分裂症高遗传风险的人身上时，虐待与精神分裂症确诊的相关性远高于在没有高遗传风险的情况下发生虐待的情况。具有高遗传风险的人与遗传风险较低的人相比，更容易受到这类经历的影响。相反，与没有这种环境风险因素的人相比，多基因风险评分测得的精神分裂症高遗传风险与有被虐待史的人的精神分裂症诊断的相关度更高。

基因—环境互动的生物机制

若要充分了解心理问题起因中的基因—环境的相互作用，还需要进行深入的研究，但目前对人类之外其他动物的研究为此提供了相当多的信息，这些研究既提供了基因—环境相互作用的文献资料，又揭示了这种相互作用在生物分析层面的运行方式。也就是说，这些研究能告诉我们外部环境如何能够"穿透皮肤"，影响身体细胞内的基因运转。促使基因—环境相互作用的生物学途径有很多，主要包括以下3种机制：

环境对转录的影响：有一种基因—环境相互作用的生物机制早已问世多年。如前所述，基因是DNA片段，通过从基因转录开始的一系列步骤可以调节蛋白质的合成。基因在其他物质唤起转录之前都是静止的，或者说完全不活跃。一种叫作转录因子的物质必须与基因结合才能使其开始制作被称为信使RNA的DNA序列片段，最终可以决定合成蛋白质的类型。毋庸置疑，这一过程意义非凡，因为基因在转录和表达之前不会对我们产生任何影响。关键是，人在受到压力时，肾上腺分泌的激素会调节转录因子。因此，压力是心理问题相关经历中最重要的方面之一，它可以影响基因的转录。正是通过这种方式，外部环境的事物，就像不断向我们施压滋扰我们的老板一样，就可以影响我们细胞内部基因的活动。然而，需要注意的是，并非每个人的基因转录方式都完全相同，因为有些类型的多态性基因比其他基因更易于被转录，基因变异也会影响基因的转录因子。这也就造就了另一种基因—环境的互动机制。

基因组的表观遗传修饰： 近期的科学研究发现，非人类哺乳动物可以控制它们的基因受转录因子的影响程度。我们的经历会造成一些复杂分子与DNA序列结合，可能会改变DNA序列的表达，并在转录因子的作用下开始蛋白质合成过程。例如，甲基分子与DNA序列中的某些C（胞嘧啶）核苷酸结合时，就会通过降低对转录的开放性，造成该基因依旧处于"静默"状态。相比之下，乙酰分子与DNA链的其他部分结合就会使基因对转译更加开放。这种修改基因表达的可能性为基因—环境的互动提供了另一种途径。诸如压力或非典型的母性关怀等环境因素会影响DNA甲基化，造成某些基因静默。因此，基因和环境可以相互作用，因为经历能决定基因变异对我们的影响程度。这一过程更加微妙，因为从某种意义上讲，有些多态性基因的变异比其他基因更容易受到甲基化的影响。关键在于，外部环境和DNA序列变异的相互作用会通过甲基化和其他对基因转录开放性的修饰影响我们的行为。

这些发现非常重要，但生物学层面上基因—环境之间相互作用的全貌则更令人惊叹。在对大鼠幼崽的研究中，人们发现一些基因的甲基化会受到母鼠喂养方式的影响。反之，这些甲基化基因也会影响幼鼠成年后对压力的反应程度。请您务必坐稳，因为下面的内容着实令人惊叹。迈克尔·米尼及其同事研究发现，由母性关怀变化引起的一些DNA甲基化可以遗传给下一代，而且还会影响到后代的压力反应能力！也就是说，一代人养成的个性特征——降低压力反应能力的基因甲基化，会被后代"遗传"。上一句中遗传一词之所以加了双引号，是因为这种情况并不是由遗传的基础，即DNA序列的变异所引起。

直到最近，这种非基因遗传才被认为是不可能的。大多数人认可自然选择遗传理论，该理论是从查尔斯·达尔文和格雷戈尔·孟德尔的著作中演变而来，进而催生出富兰克林、克里克和沃森对DNA在遗传中的作用的重大发现。现代达尔文理论指出，DNA序列中的一些有助于生物生存和成功繁殖的突变会优先遗传给下一代，从而构成进化的遗传基础。相比之下，让·巴蒂斯特·拉马克于1801年就曾公开提出进化论，比达尔文的《物种起源》还早58年。他认为一代人形成的个性特征会传给下一代。例如，伸长脖子寻找食物而导致的长颈鹿的长脖子会传给后代，造成长颈鹿的脖子越来越长。达尔文的理论公开后，拉马克的理论则受到众人的冷落，但多位学者认为倘若拉马克能起死回生，他一定会拍拍迈克尔·米尼的肩膀向其表示祝贺！

我们先不要急于接受影响基因表达的遗传甲基化与心理问题有

关的这一观点，虽然在大鼠身上的这一发现已经在其他非人类动物身上得以证实，但能否适用于人类仍是个未知数。此外，目前还没有人会摒弃DNA在遗传中的重要作用这一经典观点。上述研究表明，一代人的经历可以改变DNA甲基化，但并不会改变DNA序列。果真如此吗？是的，如果你热爱科学革命，那就接着往下看：

基因的逆转录转座： 环境经历与DNA相互作用的第三种方式涉及由经历引起的DNA序列的实际变化。你没看错！大约1/3的DNA是由移动片段构成。对人类最为重要的移动DNA片段被称为**逆转录转座子**（retrotransposons）。最近有研究发现，水平较差的适应性母性关怀会造成大鼠脑部DNA中逆转录转座子变换位置，从而改变DNA序列。虽然对反转录转座子在人类基因—环境相互作用中的角色知之甚少，但逆转录转座子会改变非人类动物的基因表达却十分明确。值得注意的是，如果DNA序列的这种变化发生在精子或卵细胞中，就有可能传给下一代。这些经历造成的DNA序列的变化并不意味着要把遗传学的观点抛之脑后，这显然会让遗传学变成一个更加复杂、更有意思的主题。达尔文（的观点）现在已然安全，但重温拉马克（的观点）不失为一个好主意。

为了避免顾此失彼，需要重申，本书的主旨是，基因和环境通过彼此的相关性以及两者之间的相互作用共同发挥作用。如果要问某种心理问题的风险是受遗传还是环境的影响，我们的答案永远都是两者会共同作用于心理问题。若将此铭记于心，我们就可以将话题转回遗传率这一概念，以期揭开更多遗传和环境相互作用中环境方面的更多秘密。

遗传率和两种环境

双胞胎研究人员在阐释遗传率（即任何表现型中由于遗传影响造成的变异比例）这一概念时，他们极富洞察力地将两种环境区分开来。我们在为人类福祉不断思考时，这种区分在许多方面都非常有用，因此值得仔细研究。在第6章中，我已经对这种区分略有提及，我会在此进一步详细阐释，以助于理解遗传率这一概念。一个家庭中所有兄弟姐妹的共享环境完全相同。如果兄弟姐妹在同一个家庭、同一个社区中由相同的亲生父母抚养长大，那么这些就属于兄弟姐妹的共享环境。与种族以及社区相关的因素一般也属于共享环境。相比之下，非共享环境是指只出现在某个兄弟姐妹身上的事件，或者各个兄弟姐妹之间截然不同的事情。例如，兄弟姐妹中有一人受到身体攻击，而其他人没有，这就构成了这一个人的非共享环境。共享环境是使兄弟姐妹之间形成相似性的因素，而非共享环境则是使他们产生不同的因素。

如果说诸如精神分裂行为这种表现型的遗传率约为80%，似乎已经没有能让环境发挥作用的空间。虽然我已说过并非如此，为了解释其中缘由，需要对遗传率估值进行进一步阐述。某些类型的基因—环境相互作用会增加遗传率的估值。如果共享环境中的某些事物极具影响力，并通过与多态性基因相互作用，就会增加遗传率的估值。例如，假设一家的兄弟姐妹都是在冷漠无情的家庭环境中长大，但只有具有特定高风险基因型的兄弟姐妹才会增加日后罹患抑郁症的风险，这就构成了基因—环境的相互作用。尽管如此，这种情况也会纳入遗传率的估值范围。因为，在这个例子中，所有的兄弟姐妹的成长经历完全相同，因而只观测了他们的遗传效果（即兄弟姐妹之间的基因型差异）。这种基因—环境的相互作用很重要，所以共同经历可能比大多数心理问题维度的高遗传率估值所暗含的信息更重要。

造成心理问题的环境

心理学家很难对导致心理问题的特定环境开展研究。基因—环境的相关性意味着环境与基因的相互混杂，近乎达到了很难将它们厘清的程度。如果比较三组成年后成为艺术家、农民或会计师的人就会发现，即便艺术家很可能高中时学过艺术创作，但不能断定高中的艺术课程成就了他们的艺术生涯。为什么不能？这似乎是一种合理的解释，但我们需要更全面的信息。艺术家的基因与农民和会计师完全不同，而这些基因可能会左右他们的职业选择，而基因—环境的选择性关联又会造成他们在高中时学习艺术。因此，学习艺术对职业选择的明显影响可能是同一基因型对这两方面影响的结果。正因如此，在试图找出增加心理问题风险的环境因素时，很难排除遗传因素的干扰。第9章会就此进一步论述。

第 9 章

心理问题的起因之
与世界的交互作用

第8章中,我总结了遗传和环境因素对心理问题先天且普遍存在的交互作用。本章将针对环境影响因素进行深入探讨,但不会忽略环境影响因素在基因和环境相关性以及相互作用的背景下发挥作用这一观点。正因如此,我们才可以肯定地说,无论我们的行为、思考以及感受方式是否能够适应变化,都会潜移默化地受到我们在所处环境中的经历的影响。然而,这一论断比首次出现时还要饱受争议、错综复杂且备受瞩目。

环境

为了理解环境对产生心理问题风险的影响方式,我首先总结了特殊经历会使人处于心理问题高风险的相关研究。然后,提出了与环境引起心理问题的具体过程相关的重要假设。

高风险环境

探讨高风险环境时,铭记以下两点极为重要。首先,尽管通过数据统计确定环境的某些方面与心理问题存在联系相对容易，但要得出环境会造成心理问题的结论并非易事。这是因为高风险环境极为复杂，许多不同的环境风险因素往往同时存在，而且难以厘清。此外，生活在高、低风险环境中的人的遗传特征往往截然不同。基因和环境相互关联，因此很难分离出环境中特定部分的作用。另外，由于基因—环境的相互作用，环境对人的影响方式可能会因人而异。

其次，高风险环境会与许多其他因素**相互混淆**。虽然通过真实的实验来区分混杂的风险因素是一种相对容易的方法，但对心理问题的环境风险因素进行此类研究又有悖伦理。真正的实验需要我们随机分配一些人生活在高风险的环境中，另一些人生活在良性的环境中。例如，我们显然不能为了验证是否会出现心理问题，就去随意指派儿童经历诸如单亲去世这样的悲痛环境。因此，我们必须充分利用符合伦理、精心收集的现有数据，不断尝试、精益求精以期得出最佳成果。

切记，我们在此探讨的是环境和心理问题之间的平均统计关联。不是每个生活在高风险环境中的人都会有心理问题，反而是许多生活在低风险环境中的人会出现问题。务必要将这些警告铭记于心，下面我将对目前已知的与心理问题相关的高风险环境进行总结。

充满压力的经历

生活很美好,不是吗?没错,生活通常很美好,但并非总是如此。挑战和不幸几乎无法避免,我们中有一些人比其他人承受的压力要大得多。有过诸如被殴打、欺凌、解雇、在战斗中受伤或失去至爱之人等等这类巨大压力事件经历的人更容易出现心理问题。例如,在对大约2000名荷兰青少年进行的一项长期跟踪研究发现,经历过家庭成员死亡的青少年后来出现抑郁和焦虑症状的人数是无此经历青少年的4倍。有充分的证据表明,受虐待或迫害的人更有可能在儿童时期和成年时期出现各种心理问题。即使只是长期经历轻微压力和麻烦的人也很有可能发展为抑郁症和其他心理问题。

歧视

极为重要的是,有一种不被大多数人关注的压力需要引起重点关注,而根据其定义,之所以大多数人没有关注是因为我们自己恰恰正是大多数中的那部分人。肤色不同,拥有不同文化背景,或信奉与所在群体中大多数人不同的宗教,都会让人经历重重歧视。与众不同在世界上任何地方都可能会遭到践踏。某种程度上,只有少数人能够清晰地认识到这一点,大多数人并没有对遭受歧视所受到的重重压力给予足够的宽容。当然,设身处地为他人着想极其困难,因此大部分科研人员会以自己亲身经历的压力源作为研究对象,也就可以理解了。然而,对歧视压力的研究滞后,似乎是我们这些享有特权的多数人无意识的、甚至是故意的忽视行为。好在心理学家最近进行的研究表明，被歧视的经历也只是一种压力。尽管这对任何人来说都不足为奇，但此类研究可能会使歧视造成的压力难以再被人忽视。

经济困难

经济困难的家庭成员比富裕家庭的成员更容易出现心理问题。当然，这种关联本身并不是说经济条件有限的生活一定会造成心理问题。一方面，因果关系反向也可能成立。众所周知，有严重心理问题的人很早就会结束自己的教育经历，因而成年后的收入远低于心理问题较少的人，因此心理问题有可能造成家庭收入降低，反之，家庭收入低也有可能造成心理问题。正因如此，越来越多的研究表明，经济困难确实会导致心理问题。由于高风险和非法抵押贷款的崩溃，造成2008年全球经济大衰退，失业、个人负债、破产、住房驱离和止赎事件急剧增加。有据可查的数据显示，此次经济衰退造成经济困难后，抑郁、焦虑和自杀等心理问题增长迅速，这有力地支持了经济资源减少会导致心理问题的这一观点。

此外，已有研究人员利用统计分析的方法验证了这一观点，即家庭经济困难会造成心理问题的增长，尤其是儿童时期经历过贫困的人更是如此。一项针对极具代表性的美国年轻母亲的大样本研究，该研究会对孩子处在青春期的家庭进行多次访谈。在控制出生顺序和其他因素的情况下，调查人员对同一家庭中在家庭收入较低时尚且年幼的孩子和家庭收入较高时的孩子出现的心理问题进行了比较。年幼时经历过家庭贫困的孩子与比他们幸运的兄弟姐妹出现的行为问题更多。这说明，贫困家庭中有些因素会造成这些家庭中年幼儿童出现行为问题。对比同一家庭中的其他兄弟姐妹，就可以排除许多（但不是全部）潜在的混淆因素和替代性解释。诸如此类的研究进一步佐证了幼年时期经历贫困会毒害孩子的幼小心灵。

另一项研究运用与此截然不同的方法来推断家庭收入的变化与心理问题之间的关系。该研究主要针对美国原住民居留地的家庭，由于部落赌场开业，有些家庭能够因此赚取工资。研究人员对这些家庭获得工资之前和之后，儿童的行为进行了对比研究。研究发现由于增加了这笔家庭收入，儿童的行为问题减少了。正因为收入的变化与家庭的遗传和其他特征完全无关，这就证明了家庭收入的增加有助于改善孩子的行为问题。其他研究发现，经济困难时期联邦政府向低收入居民发放的现金补贴可以减少伴侣之间的暴力概率。每个公民都应该知道，类似于现金补贴这样简单易行的脱贫项目能降低贫困发生率，进而减少社会人群中出现心理问题的概率以及因心理问题而产生的其他后果（如失业、医疗开支增加等）。在富裕国家，仍然有一部分人生活在贫困之中，这是社会的选择，但并非不可避免。从长远来看，这种选择对社会上的每个个体来说都是要付出巨大代价的。

家庭收入是如何引起孩子的心理问题的呢？经济压力巨大的父母无钱购买充足的食物和生活必需品，会入不敷出、负债累累，而且还要担心因丧失止赎权而失去家园，变得无家可归。普遍认为，这些事件会造成父母的暴躁易怒,与孩子的交流也会受此影响。此外,如果父母为了维持生计要从事多份低收入工作,这样家长对孩子的监管就会减少;再者,这些孩子也可能会因为自己破旧的穿着打扮而难堪。综合以上因素,这些孩子的行为问题的风险就会增加。

管理混乱的社区环境

诸如反社会行为、吸毒和抑郁症这些心理问题在管理混乱、治安较差的社区居民中更为常见。杂乱无章的社区环境是指社区中的居民无法通力合作解决类似缺乏路灯、街头暴力等问题。越来越多的证据表明,心理问题会受到我们所居住社区的特点的影响。例如,在贫困社区中经历暴力事件会加剧忧虑和抑郁情绪,生活在反社会青年较集中的社区会造成更多社会青年的违法犯罪。

美国住房和城市发展部开展了一项名为"搬向机遇"的真实实验,不同寻常且信息量巨大,目的是评估将家庭从贫困社区搬迁至非贫困社区的优点。随机挑选一些管理混乱的低收入社区的居民,政府资助这些居民搬迁至更好的社区。该政策实施后的10-15年间,对已搬迁家庭和未搬迁家庭的身心健康进行比对;结果发现,迁移到更好的社区的居民心理问题更少,身体更健康,而且家庭成员的主观幸福感更强。

污染和消逝的实体环境

越来越多的证据表明，是否会出现心理问题与我们创造的实体环境与有关。生活在空气污染严重的地区，尤其是二氧化氮和微小颗粒物浓度较高的地区，罹患抑郁症、双相情感障碍和精神疾病的概率较高。相反，社区绿化程度更高，即草、灌木及树木覆盖率高，社区居民得抑郁的概率就越小。这些发现极具说服力，但实体环境是否确实会影响心理问题的出现概率仍然尚不明确。幸运的是，出于健康和环境保护的目的，减少各地空气污染的理由不胜枚举，植树造林永远都是有百益而无一害。

环境因素对心理问题的影响

环境是如何造成心理问题的？我们对此仍然知之甚少，但很有可能环境以下列两种方式影响着我们：

对压力的反应：有时对接踵而至的压力出现的情绪反应会直接转化为心理问题。压力就可以直接造成我们紧张、担心、悲伤、无精打采甚至彻夜难眠。如果压力持续存在，上述及其他对压力的反应就有可能造成不安或影响到日常生活，这时就可将其认定为心理问题。

学习：环境可能导致心理问题的第二种途径是学习。在我们的一生中，都会不断从经验中学习。有时我们的所学是适应性行为，有时则是适应不良性行为，即造成我们悲伤的行为、思考、感受以及信任，换言之，就是心理问题。

我们从环境中学习的方式主要有三种。

第一，我们会通过**观察**同一环境中的其他人来学习；新的行为方式能在群体中传播主要通过相互模仿，通常是不假思索地模仿。

第二，我们会从自己的行为后果中学习。如果我们的行为产生了积极的结果，那么之后则会倾向于再次以同样的方式行事。例如，如果有人因为轻微的疼痛而大声又夸张地抱怨，而得到了平常对其视而不见的人的帮助和同情，那么这种积极的结果可能会增加他的身体不适。同样，走路上学的孩子如果被拴在路边的狗的叫声吓坏了，第二天就会选择走一条更远的路去上学以避开对狗的恐惧。不幸的是，减少恐惧的积极后果不仅可能会使孩子要走更远的路去上学，而且还会增加对狗的恐惧。

第三，我们有时会通过**联想**获得适应不良性行为。这种简单的学习形式可能会使我们周遭环境的某些部分引发积极或消极的情绪反应。例如，如果有人路过山中丛林里的月桂树丛时，看到一条可怕的响尾蛇，此后即便事先被告知没有蛇，也可能会对月桂树丛产生非理性的恐惧。

即便我们对学习过程毫无察觉，但以上的学习方式会对我们产生深刻影响。

交互作用

上文对可能引起心理问题的个人经历进行了论述，虽然皆准确无误，但是都太过笼统。心理问题是我们在与环境交互作用时产生的，这样表达相对更完整准确。阅读本部分内容时，务必切记前一章节中已论述的基因—环境的相关性和相互作用。这些概念与交互作用极其相似，不同之处仅在于这些概念还明确将遗传的作用考虑在内。本节中所述的交互作用既能充实如何从环境中学习的相关论证，又能加强对基因—环境相关性和相互作用的理解。

行为与环境之间的**交互作用**这一概念是从罗伯特·贝尔50多年前撰写的一篇开创性论文中演变而来。贝尔当时正在研究父母和孩子之间的交流互动，当时的西方心理学家普遍认为，无论是适应性还是适应不良性的人类行为都由环境决定，尤其是由父母提供的社会化体验所决定的。20世纪60年代，人们普遍认为社会化是单向的。然而，贝尔发现父母在回应他们孩子的行为时，会调整交流互动的方式。孩子满脸微笑时，妈妈对他们的态度就远比烦躁易怒时和善许多。因此，贝尔与彼时的主流心理学思想背道而驰，大胆提出孩子对父母的影响和父母对孩子的影响一样大。他的这一观点逐渐得到其他学者的支持，只是他们使用了不同的术语而已；杰拉尔德·帕特森和阿诺德·沙蒙罗夫进一步细化了贝尔的观点，并提出社会化是一个双向过程——孩子既会模仿父母，也能影响父母对他们的行为。

一个设计巧妙的实验揭示了父母的行为受到孩子行为的影响程度。卡尔加里大学的心理学家休·莱顿的实验室中，分别对两组同龄小学男生和他们的母亲进行观察。观察分为3个部分，每部分各15

分钟，其中一部分是母亲和自己儿子的交流，另两个部分分别同其他两位男孩交流互动。该实验中有一半的儿童有严重的行为问题且曾到心理健康门诊就诊，另一半则是行为正常的儿童。该实验的每个部分中参与实验的男孩均可以先自由玩耍5分钟，之后参与实验的母亲会要求他们整理玩具，再完成一些算术题。该研究的精妙之处在于，在与自己的孩子互动交流之后，主要观察参与实验的母亲同另外两个孩子分别各交流互动15分钟的情况——其中一个孩子有行为问题，另一个则没有。这些母亲并不知道哪个孩子患有心理疾病，但结果发现，无行为问题的孩子与存在行为问题的孩子相比，参与实验的母亲对前者下达的指令更少，批评斥责也更少。也就是说，无行为问题男孩的母亲开始出现和有行为问题男孩母亲一样的行为，表现出强迫和消极的行为，而这些行为曾经被认为是造成孩子行为问题的唯一原因。父母的抚养方式固然重要，但父母的行为很大程度上会受到孩子的行为影响。这是一个双向的过程。

因此，世界在影响我们的同时，我们也在影响着世界。我们并不是一块块只会记录心理历程的白板。相反，我们可以积极主动决定自己的经历。我们的确可以改变自己的世界，如果不是每时每刻，至少也是天天如此。能和邻里和睦相处的人更有可能生活在邻里友善的社区环境中，这种环境部分也是他们自己的创造。那些既无责任心，也不友善，而且对微不足道之事斤斤计较的人邻里关系通常不会和睦。我们可以左右自己的经历，但是必须得承认，我们创造专属自己的环境的可能性极为有限。

儿童可以对成年人和同龄人对自己的反应产生深刻影响，即影响他们与这些人的相处经历，但他们对父母贫富程度、离婚的决心等几乎没有影响。即便是成年人，受到种族、财富的制约要改变自己的世界也会受到极大的限制。例如，脱离犯罪率高的环境并非总能如愿以偿。安全的环境代价高昂，而且大多数情况下这些环境都有重重戒备森严、无形的种族主义壁垒把守。即便有如此众多的限制，我们依然在积极主动地创造着可以改变自己的世界。

个性特征和交互作用

再次以另一种方式重申本人的观点，我们都在与自己所处的环境共舞。世界会影响我们的下一步行动，而我们（部分人）也能影响未来世界的发展方向。也就是说，我们在不断地同周遭的环境交互作用，因此，在这一过程中难免会出现心理问题。我们在与环境的交互作用中扮演什么角色？哪些个性特征会影响环境？鉴于这些问题，需要特别注意的是，能影响环境的个性特征通常也会左右我们受经历影响的方式。并非每个人都会以相同的方式应对压力源和学习经历，而我们自身能影响个人经历的事物，同样也可以调节或扩大应对经历的反应。

我们首先要承认一个令人深感不安的现实：性别、年龄、肤色、身材、穿衣风格、移民身份以及语言都会影响邻居、老师、售货店员以及警察与我们的交流互动。同样，不同年龄段的人所经历的世界也截然不同。孩子互动交流的对象往往是成年人，即便他们同其他孩子的交流互动也通常会有成人的监督。这些限制决定了他们与世界沟通交流的方式。随着儿童年龄的增长，与同龄人的互动交流开始增多，而与父母、托育人员和老师的沟通则开始减少。成年人会与世界的各个方面交互作用，包括雇主和自己的孩子。第8章中已对个人经历的性别差异以及对经历的反应进行了详细论述。但是，这类群体因素在心理问题起因中的重要作用仍有待大量深入研究。

气质与交互作用

我们的典型行为方式，通常被称为**气质**，同样也在交流互动的过程中扮演着关键角色。这个术语本质上与个性或性格特征完全相同，但并不包含这些术语的固有成见。一生中，老师、同伴、同事以及老板会教会我们很多，反之我们也会影响他们对我们的行为。极其重要的是，气质特征既能塑造我们所生存的世界，同时也会影响我们对经历的应对方式。

一直以来心理学家耗费了大量精力试图找到描述和定义气质的最佳方式，这也意料之中的。正是因为这些气质，我们才能与周遭的环境交流互动，才能让我们区别于他人，成为自己。但对气质的研究并不新鲜，公元前400年左右，希波克拉底就曾研究过个性特征；19世纪末，以研究经典条件反射而闻名的伊万·巴甫洛夫也研究过气质特征，以期了解狗在学习及行为方式等方面在实验室内外的巨大差异。

如今，许多科学家仍在潜心研究这一课题。但令人吃惊的是，直到现在心理学家对如何描述基本的人类气质特征并未达成共识，原因有二。其一，如果我可以用比喻来说明问题的话，大自然一直在极力保守着人性的秘密。我们在与世界交互作用过程中是如何产生心理问题的这一本质特征仍然是个并未彻底厘清的重点问题之一。其二，科学的目标是通过仔细研究前人的发现和结论，逐步提高我们对自然的理解的准确性；但通常情况下，并非如此，总是各持己见。有时科学家之间这种吹毛求疵的分歧会促进对研究内容更精准的理解。虽然我们对气质研究的重点并未达成共识，但是我们对这方面的了解在日益增多。

为了更好地了解人类，究竟需要区分多少种气质特征以及气质究竟有什么属性，心理学家对此意见不一，也让我在创作本书时陷入了两难境地。我本可以采用一种接受度较广的气质特征模型，但无论我采用哪一种气质列表都只能取悦一部分专家，而得罪另一部分专家。因此，我不会对气质特征模型孰优孰劣发表任何意见。我只会列举一些我认为极其重要气质特征的例证，来阐述气质的一般特征。即便一旦业界对人类气质研究达成一致，我确信本章所述的一般特征仍然适用。关键的核心信息就是气质特征或多或少都会在交流互动过程中引发心理问题。心理学家对气质特征数量和本质的分歧远不如这一核心观点重要。

关于气质还有两点需要补充的内容。第一，虽然大多数心理学家和精神病学家区分了气质和心理问题,但这两个术语实际上指向同一事物,即行为。即便如此,我个人认为区分气质特征和心理问题的维度有助于了解交互作用的过程。第二,我可以信心十足地认为,气质和第8章中论述的基因—环境的相关性和相互作用之间联系紧密,且极具启迪作用。本节所述的气质特征都具有一定程度的遗传性,也就是说,气质会受多态性基因的影响。在我看来,能够推动和引发基因—环境关联、在基因—环境相互影响的过程中发挥作用,而且受遗传影响的个性特征很可能与这些气质特征有关。铭记以上两个点,接下来就可以论述气质特征了,气质特征不仅在与环境互动交流过程中,而且在适应性或适应不良性学习行为中都会发挥重要作用。

负面情绪 VS 情绪稳定性

从学界普遍认可的气质特征开始论述更合乎常理。负面情绪通常指的就是先前的术语"神经过敏症",具体是指以消极情绪应对压力源的个体差异——其中包括失落、沮丧、烦恼、压力及威胁等。人人都会有压力,但应对压力的方式因人而异。有些人面对压力时冷静沉着,但负面情绪倾向性较高的人承受压力的阈值较低,对压力的反应频繁而强烈,压力结束后恢复也较慢。这些负面情绪包括恐惧、抑郁再到愤怒等各种情绪,是否会引起特定负面情绪取决于压力源的性质、环境和个人的其他个性特征。在气质型负面情绪倾向性较高的人中,压力会引发忧虑、肌肉紧张、易怒、悲伤、情绪低落以及扰乱身体机能——睡眠和饮食。压力造成负面情绪的其他反应还包括暴怒、生气、固执等。最关键的是，负面情绪倾向性较高的人应对压力事件的阈值较低，反应也更强烈，恢复平静状态也很缓慢。

就我们的研究目的而言，负面情绪倾向高的人出现心理问题的风险也会增加。一项对超过40多万人多年来反复进行的心理评估的研究分析表明，负面情绪较高的人出现负面情绪之后的数年内都更容易出现各种新的心理问题。

每个人对能够引起负面情绪的不愉快事件的反应程度不同。为什么通过研究这些反应程度可以预测出现心理问题的可能性？负面情绪较高的人倾向于关注负面信息——他们更注意生活中不好的事情，也就让自己面对负面情绪的概率更高，而且对他人拒绝自己的征兆尤其敏感。此外，在与世界的交互作用中负面情绪会让我们更容易产生心理问题，主要表现在以下两个方面。首先，有时负面情绪会成为致使个人经历转变为心理问题的"导火索"。想象以下场景，当要求一个负面情绪较高的孩子捡起玩具时，他的回应是跺着脚大吼了一声"不！"。孩子的父亲坚定地回应道，"你必须要捡！"，这句话引起了孩子更多的负面情绪回应，如暴怒、击打父亲以及扔玩具。如果这位父亲回应一句"随你的便!我才不在乎你的房间是不是乱七八糟呢。"然后转身离开。这样与孩子的交流互动可能产生什么后果？孩子强烈的情绪反应会被再度强化，而且很可能对家长的合理要求已经出现了逆反对立行为。这个孩子的气质型负面情绪就是其行为的导火索,在与家长的交流互动的过程中,这些负面情绪就会形成具体的违抗和攻击性行为。

其次,这个孩子此次的交流互动可能会影响到他们此后的养育环境——这位父亲可能再也不会和声细语地对他提出要求了。这也就意味着孩子学会与父母合作的机会将会减少。当成年人试图帮助负面情绪高涨的孩子时,往往发现自己会陷入与孩子的强制性交流中,这就会造成成年人放弃对孩子的合理要求和让步,造成孩子在家和学校的叛逆行为增多。同样,对挑衅性负面情绪反应(如,另一位儿童在玩的玩具正是情绪化孩子想要的玩具时)可以造成另一位儿童对这位情绪化的孩子的屈从,从而增强情绪化孩子的反社会行为。因此,负面情绪会促成出现适应不良性行为。

然而,这只是一个典型的负面情绪升高会增加心理问题风险的例子。例如,负面情绪也很容易通过关联过程产生非理性恐惧。正如前文中曾提及的月桂树丛和蛇的假设例证一样,并不是每个人都会对月桂树丛产生恐惧感,但对负面情绪较高的人极易产生条件性恐惧。

亲社会性 VS 冷漠无情

亲社会性是指一种关心他人福祉、会尽力帮助和取悦他人、对不当行为会感到内疚的气质,冷漠无情与亲社会性恰恰相反。具有高度亲社会气质的儿童通常乐于助人、关心他人,因此往往会得到成年人和同伴积极社交行为的回应。这也会促进他们学习适应性社交技能。另外，如果具有高度亲社会性的儿童的行为碰巧对他人造成了伤害，这些行为自然造成极其严厉的结果。看到别人因为自己的言行而难过，会让这些具有高度亲社会性的儿童感到不安。看到他人因自己的行为而难过对他们而言就是一种惩罚，会让他们深感内疚。此外，具有高度亲社会性的儿童关心他人，对社会奖励的反应更强烈，适应性行为的学习能力也更强。

再看亲社会性维度的另一端。亲社会性较低的儿童会认为他们的不当行为对他人造成的伤害是无害的，或者甚至是在帮助他人。举一个假设的例子来说明气质在我们同环境交互作用过程中的作用。假如有两个4岁的小女孩，分别就读于不同的幼儿园，她们都在玩玩具车。这时，两个小女孩的玩具车都遭到各自学校的另一男孩的抢夺。随后在抢夺玩具汽车的过程中，这两个小女孩都用玩具车砸了小男孩鼻子，不仅把小男孩砸哭了，还把他们的鼻子砸出了血。小男孩放手后，玩具车依旧在这两个女孩手中。现在，如果其中一个小女孩具有较高的亲社会性，即她倾向于关心他人的安危，而且如果做了错事会因此而内疚。这个亲社会性女孩，看到男孩哭了，而且还在流血，很可能就会感到难过，她可能会惩罚自己的这种攻击行为，而且很可能不会再次出现类似的攻击行为。

反社会行为也可能是具有高度亲社会性儿童的自我惩罚。在该案例中的交流互动过程中，这个小女孩很可能学会了不再进行肢体攻击，让她有机会学会以非暴力的方式维护自己的权利。相比之下，如果另一位小女孩的个性特征中亲社会性程度较低，看到男孩哭泣，她不会感到难过，甚至可能还会享受其中！但不幸的是，她可能在要回玩具车的同时，还会学会用暴力获得自己想要的东西。

因此，完全相同的经历可以教会具有不同气质特征的人截然不同的事物。斟酌一下这一观点。没有两个人能生活在一个完全相同的世界，即便能够，他们也不可能以同一种方式与世界接触。

规避恐惧 VS 敢于冒险

规避恐惧程度高的儿童倾向于远离危险处境和潜在的危险。相比之下，规避恐惧程度低的人的行为方式总是敢于冒险。他们并不倾向于避开危险环境，反而会认为紧张、危险的处境既有吸引力也有价值。因此，混战、破坏行为的强烈刺激以及入店行窃时被抓到的风险对敢于冒险的孩子极具诱惑力，而且这些还会进一步增强他的胆量。教会他们反社会行为，而这些后果对那些规避恐惧程度较高的儿童而言则很可能是无法承受的惩罚。

认知能力

至此，我已经阐述了影响我们与环境交互作用的气质，这些气质也体现了情感和社交行为的特征。此外，认知能力的多个方面都与气质的作用相似，也可能会增加或减少产生心理问题的可能性。认知能力有几个先天的方面会使儿童出现外化行为问题。这些先天认知特征包括语言缺陷和执行功能缺陷。通常认为，执行功能在调节注意力、冲动以及情感方面极为重要，因此执行功能同许多心理问题密切相关。认知能力中的社会情感气质和个体差异会影响到行为方式、世界对我们的反应以及我们从世界中学到的内容。

气质的群体差异

我们与环境的交互作用很大程度上会受年龄、性别、种族和民族的影响。有时这种影响是公平的，但通常并不公平，社会对我们的反应通常以群体特征为基础。可以通过某个个例来理解这一问题，如果要利用气质特征这一概念就需要暂时重回性别差异的话题，这样才能物尽其用。某些影响女性和男性交流互动的气质存在平均性别差异。平均是指并非所有男生和女生都会存在这些差异，一般来说，女生倾向于更具亲社会性，更易于恐惧，而男生则亲社会性较低，更容易无所畏惧地寻求刺激。因此，气质方面的性别差异在心理问题性别差异的起因方面可能会起作用。有趣的是，负面情绪方面则不存在性别差异。

交互作用螺旋以及压力生成

儿童出现适应不良性行为时，毋庸置疑，这些行为会改变人们对他们的反应，而这些反应的变化又会加剧儿童的行为问题。一项对宾夕法尼亚州匹兹堡的大约2400名女生的知名研究主要通过评估这些女孩从幼儿园到高中每年出现的违抗行为以及其父母对他们的行为，揭示了这种交互作用螺旋结构。在为期两年的研究中，那些经常被父母大喊大叫、威胁并口头强迫服从的孩子出现儿童违抗行为的概率更高。反之，儿童违抗行为越多，父母口头攻击的概率就越大。正是因为存在这种交互作用螺旋结构，这些难缠的女儿会让难缠的父母变得更难以相处，反之亦然。

心理学家康妮·哈门及劳伦·艾洛伊为我们进一步了解加剧恶化心理问题的交互作用螺旋引入了一个非常重要的元素。他们提出了**压力生成假说**。这一假说对两种类型的压力事件进行区分——一种是与个人行为无关的事件，如地震或由于公司倒闭造成所有员工失业等；第二种是至少部分是由于我们的行为造成的相关压力源，包括因表现较差而被辞职，自己深爱着的配偶要求离婚或因犯罪而被监禁等。这些都是相关性压力源，因为大多数情况下，之所以会出现这些压力源，有部分原因是个人行为造成的，例如酗酒造成配偶提出离婚，因为犯罪了而被判刑等。

越来越多的研究表明，抑郁症患者会自主生成相关性压力事件，而且这些事件可以预测超出现有范围的后续抑郁症状的发展趋势。例如，有一项纵向研究，在两年内每隔3个月分别对数百名青少年进行了8次评测，评测结果揭露了某些压力和抑郁症存在相互促进的双向关系。每次评测中，人际交往压力大的青少年会在后续的3个月中出现更多的抑郁症状。反过来说，抑郁症状较多的青少年在此后的3个月中经历与自己行为相关的人际交往压力源的可能性也更大。

当然，抑郁症并不是唯一可以引起压力事件的心理问题。例如，有社交焦虑的人与他人交流互动似乎会产生冲突、排斥和其他类型的人际交往压力。同样，也有研究证实了杰拉尔德·帕特森的假设，即儿童和青少年的行为问题会导致诸如被学校开除的压力事件，这反过来也会加剧青少年的抑郁症状。

然后，本章所述的压力生成的概念和第8章中论述的积极主动唤起型的基因—环境相关性存在意义重叠。二者之间唯一的差异在于基因—环境差异性仅局限于对与遗传相关的个性特征方面的影响，而压力生成这一概念则并非如此。但二者的主旨完全相同，压力的世界通常都是由我们自己创造。

气质和交互作用的结语

气质的共同作用

我已经阐述过能够支撑以下观点的一些例证：一些气质特征可能会通过交互作用的过程增加后续出现心理问题的可能。另外，也有研究表明，这些不同的气质特征会共同作用，决定后续是否会出现心理问题。我和同事分别对儿童和青少年的3种气质的极端情况进行了调查研究，预测12年之后他们进入成人阶段，形成反社会型人格障碍的概率。研究发现，10-17岁的青少年分别在负面情绪高、敢于冒险以及亲社会性低3个方面的自我评价均可以预测他们到成年时期可能会出现反社会行为。这3个气质维度均可以独立预测。也就是说，各种气质的预测能力可以相互叠加，更精准地预测十几年后的反社会行为情况。

心理问题的异质性

鉴于气质有助于我们认识心理问题的异质性，因此，我认为不同个体即便出现同一类严重的心理问题，造成这些问题的原因也不尽相同。例如，成年人的反社会行为的病例显示，有些人亲社会性程度很低，但负面情绪和冒险程度都处于平均水平。因此，这些人出现成年反社会行为的原因截然不同，并不仅仅只是因为敢于冒险这一种原因造成。许多心理学家和精神病学家认为，这种可能性表明我们应该研究每种气质的原因和神经机制，而不是反社会行为的异质性，或抑郁症或精神分裂症等病症。

后 记

本书中，我和其他心理学家、精神病学家共同呼吁要主动变革，重新认识心理问题。这场变革需要摈弃《精神障碍诊断与统计手册》中完全站不住脚的二元分类诊断模型，代之以心理问题的维度模型。支撑这一变革的观点早已存在多年，而且其他能够反映心理问题新理解的新近研究数据也可以让我们认识到这一点。在此论述的心理问题的新观点绝非牵强附会地污蔑，而是有充分的数据支撑。这种变革也需要在以下几个方面转变思维：

心理功能的"正常"和"异常"并没有本质差异。心理问题并不是既罕见又可怕的内心深处的"病变"。其实，心理问题只是在思维、感观以及行为等方面出了问题，会在连续维度上出现从轻微到严重的表现而已。

心理问题各个维度之间并没有明确的界限。相反，各个维度高度相关且相互重叠。也就是说，通常情况下，多个维度的心理问题会同时出现。

至关重要的是，心理问题是人类历程中的**普通**现象，主要体现在以下两个方面。第一，对普通人群的纵向研究表明，我们中的绝大多数人都会在一生中的某个时候经历令人痛苦、极具破坏性的心理问题。第二，心理问题和行为的各个方面一样，都有自然且正常的产生过程。

心理问题各个维度之间的关联方式是心理问题成因的重要线索。这些关联关系构成了一个层级结构，其中囊括从非特异性原因，即出现某类（并非具体）心理问题的影响因素，到不断具体的特异性原因，即出现具体心理问题的影响因素。基于这种因果影响层级的观点，已有大量相关研究，理应继续推进对心理问题根源的认识。

虽然心理问题会随着时间的推移表现出一定的稳定性，但也会随着我们的生活发生变化。重点是女性和男性在这类发展变化的方式通常截然不同。只有充分了解造成患病率、发生率和发展变化性别差异的原因，才能全面了解心理问题。

适应性和适应不良性行为模式都是基因—环境相互作用自然产生的结果；而且都在与环境交互作用的过程中才会出现，在这一过程中，可遗传的个人行为会受到环境的影响，同时，个人行为既受环境的影响，也可决定个人对环境的反应。

和其他学者一样，我认为这种心理问题关联维度模式能够、也应该取代DSM中饱受诟病的分类诊断方法，以期帮助人们认识到自身的心理问题并不可怕，只是自然现象而已。此外，与把各种心理障碍的原因和机制割裂开来毫无依据的模式相比，将心理问题设计成相互关联的层级维度必然会引出更多与心理问题诱因和机制相关的深入研究。关注在交互作用过程中起关键作用的可遗传气质结构有助于理解心理问题各个维度的因果关系和机制异质性。反过来，还可以为新的预防和干预方法的测试提供参考和支持。

技术附录

因子分析

因子分析是一种常用于界定心理问题维度（以及二级维度）的统计方法。首先计算每一个定量测量的心理问题集合之间的每一个可能的相关性矩阵。例如，每个具体的心理问题（无法自控的忧虑、易怒、自尊心过强等）可根据其频率和严重程度在0到3之间进行评分。然后，再将样本（比如1000人）中的每个具体心理问题的评分之间相互关联。通常会发现，某些心理问题的子集之间的相关性远大于它们与其他问题的相关性。

下面用图示直观地进一步阐述。图A.1中，每个点代表一种具体的心理问题。黑点和白点分别代表这种特定心理问题的两个不同子集。连接黑点的线的长度代表了它们之间的相关程度。图中距离较近的点关联程度更强。也就是说，如果1000人样本中对某一心理问题的得分较高，则以一个黑点来代替这一心理问题，那么对附近的黑点（其他心理问题）的得分也会较高。

图 A.1

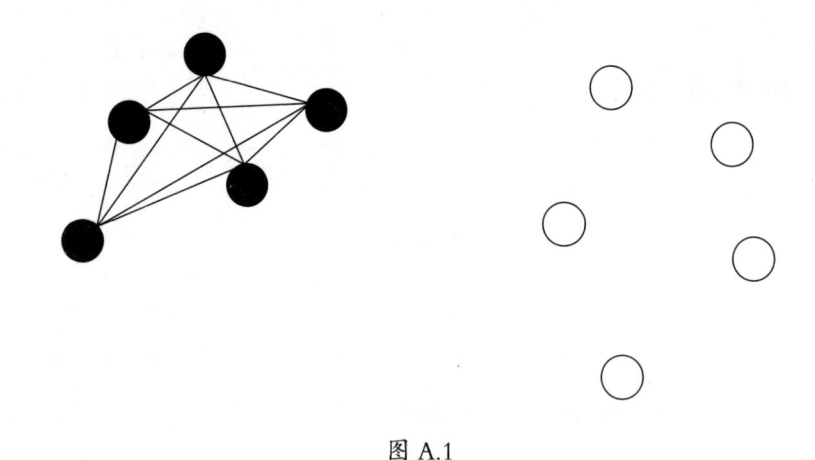

因此，黑点代表彼此之间高度关联的心理问题。白点也是如此。因此，黑点和白点分别指代两组相互关联的心理问题。注意，图中的白点和黑点之间的距离并不远。然而，各个黑点和白点之间也有关联（线未画出），但是黑点和白点之间的相关性弱于同色点间的相关性。

可以分别计算每个人在黑点和白点心理问题方面的因子得分。从理论上讲，黑点心理问题的评分有一致性，是因为同组问题之间紧密相关，同时也表明存在某种造成这些这种相关性不可测量的"因子"。该因子可以通过因子分析中的相关性矩阵进行估算（如图A.2中的灰色方块所示）。

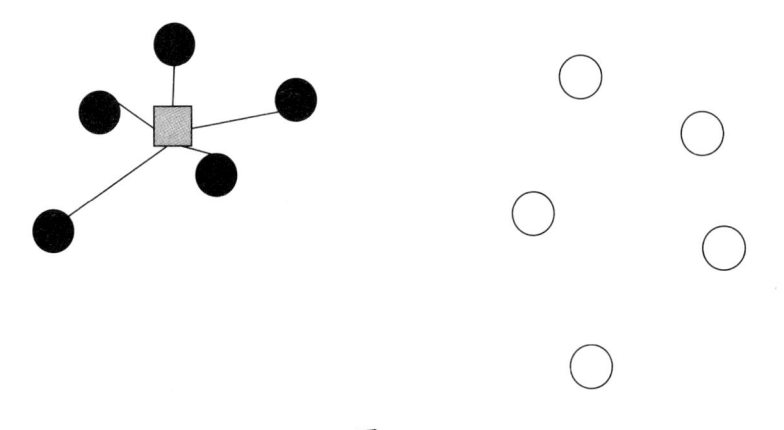

图 A.2

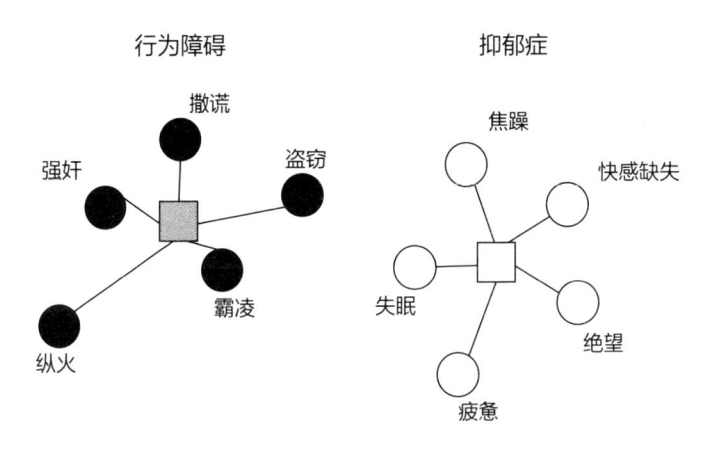

行为障碍　　　　　　抑郁症

撒谎　　　　　　　　焦躁
强奸　　盗窃　　　　　　快感缺失
　　霸凌　　　　失眠　　　　绝望
纵火　　　　　　　　疲惫

图 A.3

为进一步具体阐释，假设这些相关心理问题是青少年中常见的两种"心理障碍"的相关"症状"——行为障碍和抑郁症（见图 A.3）。图 A.3中的灰色和白色方块是每个人在这两个心理问题因子上的一级因子估值分数。在测算心理问题维度时，这些因子得分用于量化心理问题维度，但并非只是各个单向维度分值的总和。

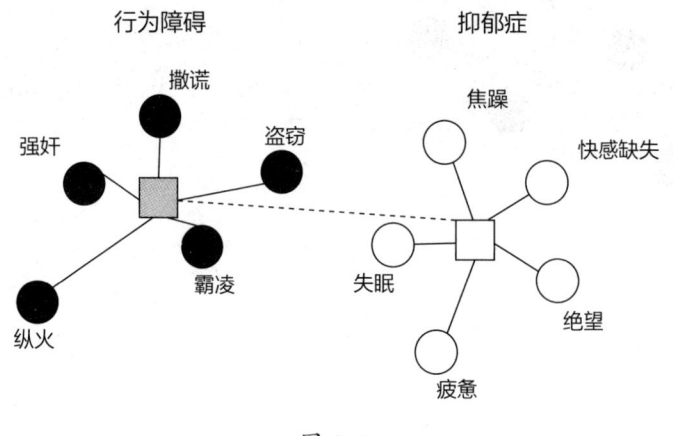

图 A.4

可以计算出这两个因子得分之间的相关性（图A.4中的虚线所示）。如果许多具体心理问题的不同子集均按这种方法测算，就会发现，以心理问题因子为基础，且能代表某个群体的大样本中的每个维度都呈正相关。因此，心理问题的每个维度都是正相关关系是指因子得分之间的正相关性比偶然预期的相关程度要高。

《精神障碍诊断与统计手册》（第五版）的信度

美国精神医学学会修订《精神障碍诊断与统计手册》（第五版）的编写组通过美国和加拿大的一些机构开展过一项现场实验，目的是为评测该手册第五版中常用的诊断类别的重测信度。共有279名临床医生在经过《精神障碍诊断与统计手册》（第五版）诊断标准的培训数小时至14天后,对到精神健康诊所就诊的大约2000名患者进行独立的诊断评测。简而言之,就是要检测两位医生对同一患者得出相同诊断结果的比率。研究人员使用了被称为重测信度的统一重测标准矩阵用以估测偶然一致性。也就是说,即便是两台随机给出X诊断的计算机,有时都会得出"X"诊断,有时也都会给出"非X"诊断。利用科恩的卡帕系数计算出现和不出现X诊断的一致百分比,以及偶然一致性的占比。按照惯例,卡帕系数等于或大于0.4时,则可认为是可接受的一致性水平。

《精神障碍诊断与统计手册》(第五版)的上述实验中,对一些重要的心理问题的诊断具有可接受的信度,其中包括精神分裂症、双相情感障碍和创伤后应激障碍,但令人惊讶的是,40%的诊断没有达到可接受的评分间一致性的0.40分界值。令人震惊的是重度抑郁症诊断的重测信度的卡帕系数很低,只有0.28;广泛性焦虑的信度甚至更低,只有0.20。而重度抑郁和广泛性焦虑都是极为常见的精神障碍,对这些精神障碍的诊断是门诊实践的家常便饭。如果对精神疾病的诊断都能准确无误,那么对这些显而易见的心理问题的诊断信度应当很高,但两位医生诊断结果仅略高于偶然概率。

此外,那些确实达到可接受的重测信度阈值的诊断,酒精滥用这一常见且重要的心理问题的诊断即便卡帕系数达到了0.40的水准,但也几乎不可接受。因为大多数读者对科恩的卡帕系数的具体意义并不了解。所以我在两个参试医生诊断结果均为X的情况创建了一个一致性统计表,该表格可代表本次实验中的任何类型心理问题的诊断。目的就是让参试医生诊断结果的一致性如何达到科恩卡帕系数0.40的标准一目了然。根据图A.5中假设的数据，接诊医生1对病例中诊断为X的比例是25/50=50%，图中所示横向灰色方框。接诊医生2对病例中诊断为X的比例为30/50=60%，图中所示的纵向灰色方框。两位接诊医生一致诊断为X的病例数为20例，一致诊断为非X的病例数为15例，总一致性达70%。这一比例看似良好，但并未考虑偶然一致性。在这张假设数据的图表中，接诊医生的诊断结果为X的偶然一致性的预测比例为50%，只比实测比例略低。

假设两位接诊医生对50位在某一门诊就诊的患者诊断为某一精神疾病的一致性统计表

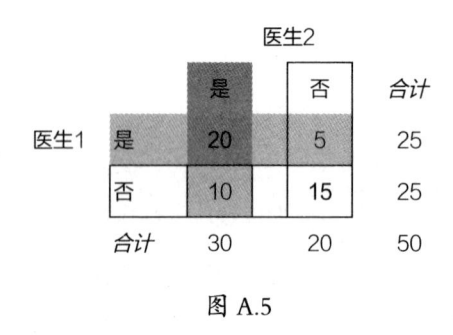

		医生2		
		是	否	合计
医生1	是	20	5	25
	否	10	15	25
	合计	30	20	50

图 A.5

预测的偶然一致性比例是根据每位接诊医生诊断结果为X的频次计算得出。图中，诊断为X的偶然一致性比例是接诊医生1的确诊比例50%乘以接诊医生2的确诊比例60%（即诊断结果为X的偶然一致性比例为50% × 60% = 30%）。同理，未诊断为X的偶然一致性比例为50% × 40% = 20%，也就是说，预测的偶然一致性比例的总和为30% + 20% = 50%。科恩的卡帕系数等于70%实测一致性减去50%预测偶然一致性（70% − 50% = 20%）再除以可信诊断一致性的最大值（即100%减去偶然一致性的50%），就可得出卡帕系数为0.40。

接诊医生1诊断为X的病例中，其中有三分之一接诊医生2并不认可，其中40%的病例接诊医生1认为达不到确诊标准，而接诊医生2则认为符合确诊为X的标准。因此，即便重测一致性水平优于偶然一致性水平能够达到卡帕系数为0.40的临界值，也需要对这一宽泛的临界值格外关注。

致 谢

首先诚挚感谢心理学家斯蒂芬·欣肖为本书初稿提出了建设性意见,并为本书作序,见解独到。衷心感谢霍华德·阿比科夫、布鲁克斯·阿普尔盖特、卡琳·卡尔森、阿夫沙洛姆·卡斯皮、保罗·弗里克、埃斯特尔·希金斯、罗伯特·F.克鲁格、特里·墨菲特、米利森特·珀金斯、亨宁·提米尔和弗兰克·费尔哈斯特在本书写作过程中提出的中肯建议。没有他们的无私付出,没有他们提出的建设性意见,本书就不会取得成功。